UNDERSTANDING ASSESSING DECISION-MAKING

理解 评价 决策

景观规划应对城市人口老龄化
Landscape Planning in Response to the Aging of the Urban Population

文晨 著

华中科技大学出版社
http://press.hust.edu.cn
中国·武汉

图书在版编目(CIP)数据

理解 评价 决策:景观规划应对城市人口老龄化/文晨著. —武汉:华中科技大学出版社,2024.6

ISBN 978-7-5772-0885-5

Ⅰ. ①理… Ⅱ. ①文… Ⅲ. ①城市景观-景观规划-关系-人口老龄化-研究-中国 Ⅳ. ①TU-856 ②C924.24

中国国家版本馆 CIP 数据核字(2024)第 102927 号

理解 评价 决策——景观规划应对城市人口老龄化 文 晨 著

Lijie Pingjia Juece——Jingguan Guihua Yingdui Chengshi Renkou Laolinghua

责任编辑:王一洁

封面设计:张 靖

责任校对:王亚钦

责任监印:朱 玢

出版发行:华中科技大学出版社(中国·武汉)　　电话:(027)81321913

　　　　　武汉市东湖新技术开发区华工科技园　　邮编:430223

录　排:华中科技大学惠友文印中心

印　刷:武汉市洪林印务有限公司

开　本:710mm×1000mm　1/16

印　张:11

字　数:163 千字

版　次:2024 年 6 月第 1 版第 1 次印刷

定　价:89.80 元

前　言

在全球范围的很多城市,人口结构变化的一大特征是老年人口比例逐渐提高。这种趋势对景观规划提出了新要求——必须更加关注老年人的需求偏好,并且提供能够提高他们生活质量的机会,特别是增加其在户外蓝绿空间开展自然游憩活动的机会。自然游憩在老年人的生活中起着至关重要的作用。它可以有效促进老年人的身体健康和心理健康,加强他们的社交联系。因此,景观规划应该通过优化城市蓝绿空间来为老年人提供自然游憩的场所,从而更好应对人口老龄化的挑战。

然而,城市尺度的景观规划对老年人需求偏好的关注仍然有限。首先,关于老年人对景观特征的具体偏好,现有的知识分散且缺乏系统解释。较少有研究分析老年人对不同类型的蓝绿空间中的偏好。其次,规划实践中尚不清楚如何对城市中老年人的自然游憩进行空间评估,因而无法帮助规划者系统决策。最后,尽管环境正义的议题受到越来越多的学者关注,但年龄视角尚未得到深入研究,特别是在城市蓝绿空间的可达性方面。

为了对上述议题开展深入研究,本书力图系统分析老年人的自然游憩偏好,对老年人的自然游憩空间进行评估,并且调查不同区域的老年人的自然游憩空间可达性和公平性。本书首先介绍相关背景和理论,分析老年人偏好的景观特征,即蓝绿空间的数量、配置、特点等属性;其次进一步开展了实证研究,并从空间量化的角度分析城市区域中老年人自然游憩的潜力、机会和需求;最终评估城市各人口普查区居民的蓝绿空间可达性。

本书总结了老年人景观偏好的影响因素框架。这个框架包括四个方面的内容:景观特征(如美学、可识别性和文化遗产)、基础设施与设备(如路径、娱乐设施和商业设施)、维护管理(如清洁和安全)和可达性(如蓝绿空间邻近度)。

在关于空间制图评价的实证研究话题中,本书构建了一个空间模型,以ESTIMAP 模型为基础,在城市尺度上量化了老年人的自然游憩潜力和需求。改进后的模型考虑了特殊因素和参数,以便能更好地反映老年人的自然游憩偏好。它通过考虑景观美学、各种类型的设施和邻近程度来评估自然游憩机会。

在关于可达性的实证研究话题中,本书开发了增强型的"两步移动搜索法"来测量人均蓝绿空间面积。这种改进后的方法既考虑了蓝绿空间的吸引力和街道网络,又考虑了潜在的拥挤问题。通过测试两种分别代表老年人和非老年人的研究场景,本书探讨了老年人的蓝绿空间可达性的差异和背后的公平性问题。

最后需要说明,本书的主要观点和内容来源于著者在德国完成的博士论文。在编辑整理书稿的过程中,著者再次回忆起旅欧求学的感受——如同在汉诺威的雪夜里独自行走,冷静、自由、放松,且能感受到一步一个脚印。感谢导师克里斯蒂娜·冯·哈伦教授和克里斯蒂安·阿尔伯特教授所给予的巨大帮助。一方面,他们尊重著者的学术兴趣,鼓励专注于自己选择的探索路径。另一方面,他们耐心地指出不足之处,并提醒需要避免的陷阱。在这个过程中,著者努力学习如何推进研究,也尝试培养一种"像科学家一样处理问题"的心态。能够在他们的指导下学习是著者的莫大幸运。

在此还要感谢约翰尼斯和拉斐尔在数据收集方面的帮助。感谢安娜、法比安娜、萨拉和保利娜在不同方面的建议。感谢法尔科长期以来的支持,以及在无数个"美丽星期五午餐"(Schönes Freitagmittagessen)时所分享的研究体验。感谢学生茶静、赵欣宇在书稿完善方面的贡献。特别感谢编辑王一洁老师对本书出版所做的工作,不仅帮助本书更加完善,也提供了新的研究想法。

由于时间仓促,加之作者水平所限,书中错误在所难免,敬请读者批评指正。

著者
2023 年 12 月

目　录

1 人口老龄化

1.1 城市人口老龄化的环境需求

在全球许多国家,老年人口的比例不断提高已成为显著的人口结构变化特征。例如,在欧盟27个国家中,人口年龄中位数从2007年的40.1岁增加到2017年的42.8岁;与此同时,65岁及以上人口占总人口的比例从2007年的16.9%提高到2017年的19.4%。德国是老年人口占比较高的国家之一(图1-1),不久后将面临更严重的人口老龄化问题。2007年,德国65岁及以上人口占全国总人口的比例已经达到19.8%;2017年,这一比例增至21.2%;预计到2030年该比例将激增至30%左右。

许多城市的人口结构呈现老龄化特征。随着城市化的发展,越来越多的老年人迁移到城市地区,导致城市老年人口占比不断上升。例如,在德国首都柏林,65岁及以上人口占全国总人口的比例从1990年的不足15%提高到2015年的20%左右,如今,数十万老年人生活在柏林。

人口老龄化是当今社会面临的严峻挑战之一,这给城市规划和景观设计带来了挑战。我们需要在城市规划和景观设计中更多地考虑老年人的生活方式和需求。改善城市蓝绿空间以满足老年人对自然游憩的需求,是提高老年人生活质量的关键措施之一。大自然中的游憩活动有助于提升老年人的幸福感。例如,在大自然中游览、观光或进行体育活动,可以促进老年人的身心健康、提升他们的愉悦感并促进其社会交往。此外,自然游憩还有助于缓解老年人的压力,并增强其社区归属感。

景观规划是一种关注自然和人类在城市、乡村和自然环境中的相互作

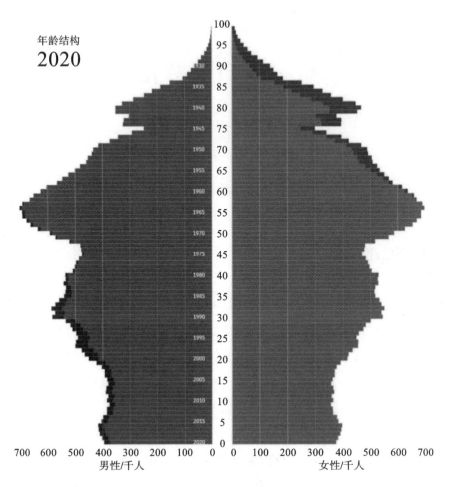

图 1-1 2020 年德国人口结构

（图片来源：https://service.destatis.de）

用的跨学科实践。它涵盖了城市、区域和国家等多个层面，旨在通过规划和设计人民环境，满足社会、文化、环境和经济需求。景观规划通过考虑土地的开发、利用、保护和管理等方面的因素，以及人类和自然环境之间的相互作用，为社区环境和公共健康等问题提供具有可持续性的解决方案。景观规划师必须在实践中更加关注老年群体，并通过绿地、滨水空间、开放空间等多种类型的蓝绿空间为他们提供高品质的活动空间。

对于城市老年人口来说，景观规划能够提供多重帮助。首先，景观规划有助于增加和改善老年人所需的自然游憩场所,从而帮助他们保持身心健康、减轻压力和提高生活质量。其次,作为一种政策工具,景观规划关心且能够直接提升城市公共空间的可达性和安全性,满足老年人的社会接触需求。最后,景观规划可以提升老年人的社区归属感,增强老年人在所属社区的参与感和自我价值感,从而促进社会包容和社会公正。因此,景观规划应该通过开发城市蓝绿空间来应对人口老龄化的问题,从而为老年人带来多重益处。

然而,城市蓝绿空间并不总是适应老年人的需求。相比年轻人,老年人可能会出现身体机能和心理健康水平逐渐下降、流动性和社会接触减少等问题。他们可能对环境障碍、安全问题和公共设施的获取更加敏感。在城市蓝绿空间的规划和开发、改造中,管理者和设计师应该系统地考虑老年人的健康、安全和社会包容的需求,在考虑老年人需求时应该更加细致入微,例如,增设一些步行道、座椅、栏杆和轮椅坡道等,帮助老年人更好地享受自然游憩。在未来,城市规划师和景观规划师需要进一步研究和探索如何在城市蓝绿空间中满足老年人的需求。这不仅涉及基础设施和公共服务的改进,还涉及老年人的文化和心理需求,如对不同自然环境的偏好和需求等。只有全面满足老年人的需求,城市蓝绿空间才能真正成为老年人自然游憩的天堂,让他们能够过上更加健康、幸福和充实的晚年生活。

1.2　景观规划的机遇与挑战

老年友好城市规划是一个全球性的话题,一些机构和组织已经发布了相关的技术指南。其中,世界卫生组织(World Health Organization,WHO)颁布了《积极老龄化政策框架》(图 1-2)和《全球老年友好城市建设指南》(图 1-3)。构建老年友好城市,需要解决交通、住房、社会包容及建筑与户外空间等问题。《全球老年友好城市建设指南》中提出,户外和绿色空间应无障碍、具吸引力、设备完善且适合老年人使用。加州大学洛杉矶分校刘易斯区域政策研究中心发布了《老年友好公园设计指南》,其中列出的关键设计要素包括安全性、自然属性、设施、体育活动、社会支持网络及适宜的年龄构成。该指南建议,老年友好公园的设计应避免老年人与年轻人产生令人不悦、尴尬或担忧的互动。类似的规划框架和指南还强调了老年人在城市社区环境中的移动能力、健康和参与度。WHO 建议的老年友好社区的建设方式如表 1-1 所示。

图 1-2 WHO 颁布的《积极老龄化政策框架》

(图片来源:https://extranet. who. int/agefriendlyworld/active-ageing-a-policy-framework)

图 1-3　WHO 颁布的《全球老年友好城市建设指南》

(图片来源：https://extranet. who. int/agefriendlyworld/wpcontent/uploads/2014/06/WHO-Global-Age-friendly-Cities-Guide. pdf)

表 1-1　WHO 建议的老年友好社区的建设方式

类别	目的	具体实施方式	涉及的挑战
可达性和安全性	确保老年人安全、方便地到达和使用城市公共空间	进行无障碍设计，配备良好的照明、清晰的标识及紧急呼叫系统	适应多样化的需求，控制成本，维护无障碍设施
绿化和自然环境	提供健康、放松的环境，增强人与自然的联系	新建和改建公园、绿地、社区花园、自然步道等	保持生态平衡，适应气候变化，确保持续的维护投入
社区参与和活动	促进老年人的社交互动，增强社区参与性	设立社区中心，组织文化活动，提供休闲设施	增强老年人的集体活动意识，加强多代沟通，保持活动的多样性

类别	目的	具体实施方式	涉及的挑战
通行和导航	帮助老年人不费力地找到目的地,确保安全通行	设置信息牌、地图、明确的路标、人行横道等	以多种方式及时更新交通信息,配备易于理解的导航系统,考虑不同认知能力的人群的容错能力
设计和规划	考虑老年人的需求,创造包容性强的城市空间	鼓励老年人参与城市规划,配备适宜老年人的户外座椅、防滑地面	协调不同社会群体的需求,确保老年人群的意见能充分、顺畅地传达给设计、规划人员
维护和清洁	保持城市环境的清洁和安全	定期维护公共空间环境,进行垃圾处理,提供清洁服务	控制维护成本,持续地进行城市美化

信息来源:https://extranet.who.int/agefriendlyworld/wpcontent/uploads/2014/06/WHO-Global-Age-friendly-Cities-Guide.pdf;https://www.who.int/publications/i/item/9789240068698。

尽管如此,现有的建设老年友好城市的规划框架仍存在分散和不系统的问题,尤其是在市域尺度和区域尺度。尽管城市公园或一些老年人专用活动场所已有无障碍设计(barrier-free design)和通用设计(universal design)等共识和规范,但在更大尺度上,现有规划框架较少考虑如何系统地运用蓝绿空间来更好地满足老年人的自然游憩需求。规划师和城市管理者可以将城市蓝绿空间视作一个完整的体系,在城市范围内评估供需状况,并通过优化蓝绿空间的质与量来满足人们的审美、社交和自然游憩的需求。

在应对城市人口老龄化的问题上,蓝绿空间体系的景观规划方法与单个公园的景观设计方法相比,有一些关键的不同点。首先,景观规划需要考虑城市范围内不同蓝绿空间的特征和分布,以及它们的相互关联性。其次,规划蓝绿空间基础设施需要考虑不同年龄段人群的需求，特别是老年人。最后，应对城市人口老龄化的蓝绿空间景观规划不仅涉及社会问题，还涉及生态问题。

然而，既往研究尽管评估了蓝绿空间带来的益处，却很少有针对老年人游憩方式及其偏好的环境属性的明确科学论断。实际上，不同背景的老年人在与自然环境互动时可能对蓝绿空间有不同的期待和偏好。如果缺乏对这些偏好的理解，我们可能会在进行多目标且涉及复杂人性因素的规划实践时遇到困难。

因此，在市域尺度的景观规划中考虑如何应对城市人口老龄化，应综合不同研究领域和群体的意见及学术共识，研究群体包括城市规划师、景观设计师、公共卫生专家和老年人组织等。

针对老年人的户外自然游憩活动，目前主流的研究方向可以分为以下几类。

（1）证实大自然带来的益处。这类研究探讨自然环境对老年人身心健康等方面的益处。例如，Lee、Maheswaran（2011）和 Bell 等（2014）的研究，就表明了在自然环境中老年人的身心健康有所提升。

（2）调查蓝绿空间的使用情况。这类研究探讨老年人在公园、湖畔等蓝绿空间的活动，以及对其使用情况。例如，Tinsley 等（2002）的研究，探究了老年人对蓝绿空间的态度和使用行为。

（3）分析环境特征和身体活动之间的关系。这类研究探讨老年人的身体活动与自然环境的关系。例如，Kaczynski 等（2010）和 Cerin 等（2013）的研究，表明了自然环境特征与老年人身体活动的关联性。

（4）了解对特定环境特征的感知。这类研究探讨老年人对特定环境特征的感知和偏好。例如，Rodiek、Fried（2005），Alves 等（2008）和 Aspinall 等（2010）的研究，表明了老年人对于公园、养老院和人行道等特定环境的特征的感知和偏好。

尽管自然游憩可以为老年人带来福祉，但在景观规划中要想提升老年人自然游憩的质量与体验感却存在多方面的挑战。首先，较少有研究系统性地荟萃相关科学证据,探讨老年人进行自然游憩活动的方式及其对不同景观特征的偏好。老年人在不同环境中与景观互动的方式不同,他们对具体景观特征的偏好也存在差异。缺乏相关的研究可能导致老年人的实际需求被忽略。在进行老年人友好的蓝绿空间规划时,我们应更加关注他们的特定需求和兴趣,以便为他们提供更舒适的环境。这包括调查和研究老年人的游憩行为、心理需求和环境偏好,从而更好地满足他们的需求。其次,如何将老年人的需求转化为空间信息,供规划者进行空间决策,仍是实践中的难点和痛点。在景观规划应对城市人口老龄化的背景下,将蓝绿空间供应端和老年人需求端的数据转化为空间信息,可以帮助规划者优化蓝绿空间设计,提供更多适应老年人生活方式和喜好的设施和活动,从而提升老年人的生活质量和身心健康。

2 老年人的景观偏好

2.1 概念界定

2.1.1 老年人

"老年人"这个词在社会生活中经常被人们使用,但是其定义却存在模糊性。由于衰老导致人体机能逐步下降,因此对"老年人"的定义变得既复杂又充满不确定性。在国际上,多数发达国家将 65 岁作为衡量"老年"的标准,部分国家则以 60 岁为界限,而有些非洲国家甚至将 50 岁视为"老年"的标准。尽管不同国家对"老年"的年龄界定有所差异,但这一年龄通常与当地的退休年龄相一致(表 2-1)。"老年人"可以被视作"老年公民"或"退休人员"的同义词,描述了一种人生阶段"过了中年"的状态。从中年到老年通常伴随着身体、心理或社会状态的变化。然而在全球范围内,各国对"老年"的定义还没有达成广泛的共识。衰老是一个自然而渐进的过程,每个人的衰老速度都是不同的。即使是相同年龄的成年人,其健康状况和身体机能也可能存在差异。因此,相较于个体,"老年人"更多是一种描述群体的概念。当前,许多国家老年人口占总人口比例逐渐上升,预计到 21 世纪中叶这一趋势仍将持续。例如,预计日本 65 岁以上人口占总人口比例将从 2010 年的 22.5% 上升至 2030 年的 29.6%,并在 2050 年达到 35.7%;德国的老年

注:本章内容源自著者的博士论文,相应文字和图片基于著者已发表的期刊论文:WEN C, ALBERT C, VON HAAREN C. The elderly in green spaces: Exploring requirements and preferences concerning nature-based recreation[J]. Sustainable Cities and Society, 2018(38): 582-593.

人口比例则预计将从 2009 年的 20.7% 上升至 2030 年的 29%,再升至 2050 年的 31%。不断变化的人口年龄结构使老年人面临更高的与社会脱节的风险和更多的健康问题。同时,他们对蓝绿空间的自然游憩需求也在增加,为景观规划师带来新挑战。

表 2-1　部分国家的退休年龄

国家	退休年龄	相关政策颁布年份	政策影响
中国	男性 60 岁,女干部 55 岁,女工人 50 岁	1978 年	不同地区、不同工作性质,退休年龄有所差异;2022 年后,一些省份正在试点动态延迟退休年龄
日本	60～70 岁(分行业)	2021 年	有计划地延迟退休年龄至 70 岁
韩国	60 岁	2017 年	计划进一步延迟退休年龄
德国	65 岁	2015 年	由于人口老龄化,正在逐步延迟退休年龄,预计到 2029 年退休年龄将延至 67 岁
奥地利	男性 65 岁,女性 60 岁	2018 年	计划延迟女性退休年龄;延迟退休的政策导致老年人就业率的增加
意大利	67 岁	2019 年	减少养老金赤字
荷兰	男性 66 岁,女性 66 岁	2019 年	计划进一步延迟退休年龄
西班牙	65 岁	2015 年	计划进一步延迟退休年龄
瑞典	65 岁	2020 年	2023 年退休年龄延至 66 岁,计划 2026 年延至 67 岁

信息来源:https://ec.europa.eu/eurostat/statistics-explained/index.php? title＝Ageing_Europe_-_statistics_on_working_and_moving_into_retirement;https://www.statista.com;《国务院关于工人退休、退职的暂行办法》(国发〔1978〕104 号)。

从社会科学的角度来看,"老年"的定义不仅要考虑实际年龄,还要考虑身体、心理和社会状态等多个因素。例如,在日本,有一项调查研究了公众对"老年"的认识,相关指标包括退休状况、护理需求以及养老金等。"老年"的定义通常被用于人口普查统计以及民政管理等领域,例如社会福利制度和执法。在德国,联邦统计局定期更新人口报告,该国老年群体通常指65岁以上的人。而在中国,长期以来法定的退休年龄为男性60岁、女干部55岁、女工人50岁,但是将来,退休年龄可能会延迟。

本书所定义的"老年人"是指65岁及以上的人群。这一定义主要基于本书中关于德国的案例研究,并参考了当地的人口普查数据,该数据将65岁及以上的人归为老年群体。

2.1.2 城市蓝绿空间

在本书中,"城市蓝绿空间"一词被频繁使用。它在不同的语境下有不同的含义。对于生态系统和生物多样性而言,城市蓝绿空间代表着土地覆盖、土地权属、土地规模和生态条件等信息。对于自然游憩来说,城市蓝绿空间是人们进行游憩以获得健康和其他益处的物理场所(图2-1、图2-2)。在本书中,城市蓝绿空间是指为自然游憩提供机会的任何开放的绿地、水域和湿地。在城市环境中,蓝绿空间包括森林、湿地、公园、花园和装饰有遮阴物的城市广场,以及湖畔、河畔和任何开放水域周边的步行可达区域。城市蓝绿空间的规模从口袋公园到占据一个或几个城市街区的城市森林不等。由于本书的研究重点是老年人的自然游憩,因此将提供游憩机会有限的一些蓝绿空间排除在研究范围之外,包括非游憩性质的绿地和滨水区域,以及城市范围内不对公众开放的蓝绿区域。

2.1.3 自然游憩

自然游憩(nature-based recreation,NBR)是指人们在蓝绿空间中进行的各种休闲活动。与室内或电子娱乐等其他类型的休闲活动相比,自然游憩强调户外体育活动、接触自然和积极的生活方式。根据蓝绿空间的类型

图 2-1　德国下萨克森州戈斯拉尔的
一处蓝绿空间
（图片来源：作者自摄）

图 2-2　中国湖北武汉的一处
蓝绿空间
（图片来源：作者自摄）

不同,自然游憩可以分为许多活动,包括但不限于散步、慢跑、打球、钓鱼、骑自行车,甚至包括野餐或只是坐着观光等久坐的休闲活动。游憩是生态系统服务的重要组成部分,不仅本身是一种生态系统服务,还提供了获得其他文化服务的途径(图 2-3),促进了人们社区意识的提高、精神的充实和社会交往的增强。本书中"自然游憩"一词遵循其广义上的定义,指发生在蓝绿空间中的任何休闲和社会活动。

自然游憩对于改善老年人的健康状况具有重要作用。通过日常与蓝绿空间互动,老年人不仅能够愉悦身心,还能够开展积极的社交活动。在蓝绿空间中,老年人可进行步行或骑行等活动,从而有效地促进身体血液循环并降低肥胖概率。通过体育锻炼,他们能够增强骨骼和肌肉力量,提高心肺功能。此外,当老年人沉浸于大自然的宁静时,他们的身心都将得到放松。参与社区周边蓝绿空间的观光或园艺活动,有助于增强老年人的社区归属感。

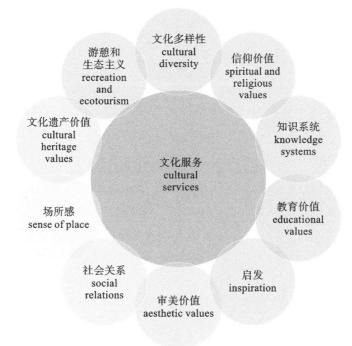

图 2-3　文化服务的组成部分

(图片来源：HØLLELAND H，SKREDE J，HOLMGAARD S B. Cultural heritage and ecosystem services：A literature review[J]. Conservation and Management of Archaeological Sites，2017，19(3)：210-237)

在城市公园中，老年人会更加积极地参与社交并享受集体活动。综上所述，自然游憩对老年人的身心健康产生了积极影响。

2.1.4　自然游憩的潜力、机会和需求

自然游憩的潜力、机会和需求是从生态系统文化服务的角度研究自然游憩的重要概念。这些术语将自然游憩的不同方面概念化，并提供了评估景观的标准化工具。游憩潜力重点关注用于游憩的空间和景观的生物特性。游憩机会是指基于美学、可达性和设施等多种标准和条件的不同游憩适宜性。游憩需求是指有自然游憩需求的当地居民的位置和数量。它通常

由区域人口分布或游客访问量、使用频率来表示。

2.1.5 自然游憩的公平性

城市蓝绿空间可视为一种可支撑自然游憩行为的公共资源,本书所指的"自然游憩的公平性"是基于可达性来定义的。可达性是指在给定条件下(例如一定距离或时间阈值)某个区位的人群可到达或进行自然游憩的蓝绿空间的数量及质量。而自然游憩的公平性是在此基础上衡量居住在不同地点的人群在蓝绿空间可达性方面是否存在差异。

传统研究中,关于自然游憩公平性的研究更多关注的是景观资源的供需匹配问题,以及这种供需匹配与人们的社会经济地位之间的关系。但近年来,通过性别或年龄的视角来审视公平性的研究逐步变多。多项研究表明,相较于年轻人而言,老年人参与自然游憩的活动较少。调查老年人自然游憩的公平性问题,对理解老年群体并通过景观规划来提升他们的生活品质具有重要作用。

2.2 景观偏好与循证规划

人群与环境的相互关系是复杂多变的。在景观规划中,规划者如果想要保证规划后的人居环境发挥原本设想的功效和价值,就必须考虑景观环境是否符合潜在受众的需求。

景观偏好(landscape preferences)是近年来快速发展的学术概念,指的是特定人群对自然环境、人工环境、场所和景观场景的审美和心理需求。景观偏好的成因较为复杂,通常与个人成长经历、喜好、地区文化背景、民族宗教、生活经验等有关。作为结果,景观偏好通常决定了一类群体对公共空间和景观场所的满意度和使用情况。虽然蓝绿空间等公共空间能容纳不同的群体,但是针对特定的目的(例如应对城市人口老龄化)或针对目标用户,规划师和设计师应通过深入了解特定的景观偏好营造出更适合该目的或该群体需求的空间，从而创造更有吸引力的场所，服务好特定人群。

循证规划，是在规划设计中尽可能地依赖数据和证据的决策方法。相比传统的规划设计方法，循证规划强调对已发表的实证科学证据进行荟萃，并对现有研究案例进行系统性梳理，目的为科学地支撑规划决策。在城市规划过程中，已有较多技术性强的领域（如交通管理和城市水文治理等）采用了循证规划的流程和方法，以确保实际情况和预期相符。循证规划要求规划设计充分挖掘现有资源，识别潜在障碍，从而科学地决策。通过景观规划的手段应对城市人口老龄化，在涉及老年人的需求偏好的问题时，也应通过循证规划的方式进行。

2.3 老年人的景观偏好探究

在进行服务于老年人的蓝绿空间规划时，我们应更加关注老年人的特定需求和兴趣，以便为他们提供更舒适的环境。调查和研究老年人的游憩行为、心理需求及环境偏好，才能更好地满足他们的需求。通过深入了解老年人的期望和兴趣，规划师可以优化蓝绿空间设计，提供更多适应老年人生活方式和喜好的设施和活动，从而提高老年人的生活质量，促进其身心健康。

目前关于老年人对蓝绿空间和自然游憩偏好的研究主要聚焦以下话题：可促进老年人步行和其他体力活动的蓝绿空间和开放场所、公园可达性、提升社区交往和居民幸福感的绿色空间、疗愈景观、绿色空间的美学价值和吸引力。然而，相关研究出现了不一致的结论。例如，部分研究发现，老年人比年轻人更喜欢自然环境，他们去公园的频率较年轻人更高。相关研究对此的解释是，由于老年人的身体状况和认知能力已经下降，相较于年轻人，他们更喜欢舒缓和放松的自然环境。然而，也有研究认为，与年轻人相比，老年人并没有对蓝绿空间表现出更高的兴趣。在一些抽样调查中，老年人在公园所有访客中的比例,并未高于老年人占全社会人口的比例。这些不一致的研究结论说明系统研究老年人的蓝绿空间及自然游憩偏好仍有必要。

为了支撑循证规划,我们需要进一步探明景观偏好的内核与外延。既往研究将景观偏好理解为一种认知过程,即一些群体相较另一些群体,认为一个场景"更美观、更活泼或更令人向往"。在景观偏好方面,当下许多研究集中在美学层面,解释审美偏好的理论主要分为客观学派和主观学派两种。客观学派认为美学是景观的内在品质,可以客观衡量;而主观学派认为美学是人的情感反应,无法客观捕捉。两种学派各有其理论依据。在景观规划、设计和管理的范畴中,景观偏好通常被认为与景观特征、人与景观的互动方式、互动设置及人的特点有关。

近期的一些研究回顾了影响老年人偏好和需求的景观特征。Yung 等提出了一个研究框架来探讨哪些设计因素会影响老年人在高密度市区环境中游览公园的体验。该框架中的重要因素包括邻近性、可达性、社会包容性、社会联系、配套设施、与自然的联系等。Yen 和 Flood 等查阅了 120 篇实证研究来调查环境特征是如何影响老年人的行动能力的。研究发现,安全是最核心的因素,其他因素有街道的连通性、观赏性和购物服务等。Barnett 和 Cerin 等查阅了 100 篇研究老年人身体活动的文章,他们发现安全性、步行环境、公园可达性、自然度、风景吸引力、娱乐等服务设施的完备程度都影响着老年人的景观偏好。现有关于老年人景观偏好的科学证据荟萃研究,主要侧重于公园环境和体力活动方面。在市域范围内,大量其他类型的蓝绿空间并未纳入研究范围。

2.4 科学证据萃取过程

基于此,本书提出一个理论框架(图 2-4)以梳理老年人对自然游憩的偏好与景观特征之间的关系。评估老年人对自然游憩中涉及的景观特征的偏好需要考虑三个方面:蓝绿空间类型、活动类型和所满足的基本需求。"蓝

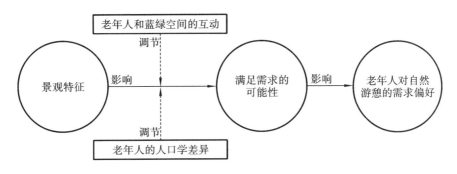

图 2-4 老年人对自然游憩的偏好与景观特征之间关系的理论框架

(图片来源：作者自绘)

绿空间"可以是城市或农村环境中任何类型的绿地、水域和湿地。蓝绿空间可包括住宅绿地、社区绿地、机构绿地、公园、花园、草地、林地、运动设施附近的绿地、城市广场中装饰有自然遮阴物的局部空间、湖畔、河畔，以及任何开放水域周边的步道和开放空间。根据生态经济学家曼弗雷德·麦克斯-尼夫（Manfred Max-Neef）的理论，人类的基本需求包括"生存、保护、情感、理解、参与、休闲、创造、身份认同和自由"（表 2-2）。景观是否满足这些基本需求，决定了老年人对它的偏好程度。此外，老年人的个体差异，以及老年人与景观产生互动的方式也可能影响其对不同景观特征的偏好。个体差异指的是老年人有不同的健康状况、家庭状况和地理位置。例如，老年人可能使用轮椅或不使用轮椅，可能住在护理机构或自己家里，可能住在市区或郊区等。这些变量均可影响老年人对景观特征的偏好。本书提出的理论框架基于两个假设。第一，当老年人有能力满足需求时，他们喜欢以蓝绿空间为基础的自然游憩。第二，自然和老年人之间的相互作用调节了这种偏好。这两个假设用于引出关于所研究问题的解答和理解，同时，也决定了研究设计的方向（图 2-4）。

表 2-2 曼弗雷德·麦克斯-尼夫的人类基本需求矩阵

需求分类(category)	有(having)	做(doing)	是(being)	互动(interacting)
生存(subsistence)	食物、庇护	养育、劳动	健康的、活跃的	交流、消费
保护(protection)	医疗保健、保险	保护、教育	安全的、自由的	适应、防止

需求分类（category）	有（having）	做（doing）	是（being）	互动（interacting）
情感（affection）	家庭、友谊	合作、照顾	有爱的、关联的	关联、交流
理解（understanding）	教育、知识	研究、学习	好奇的、理解的	聆听、质疑
参与（participation）	权利、工作	合作、反抗	参与的、责任的	表达、分享
休闲（leisure）	游戏、休息	玩耍、享受	放松的、愉快的	回忆、放松
创造（creation）	技能、技术	设计、建造	创造的、想象的	发现、创新
身份认同（identity）	文化、语言	参与、表达	自尊的、归属的	分享、归属
自由（freedom）	平等、权利	选择、冒险	自主的、无畏的	挑战、冒险

信息来源：MANFRED M. Development Ethics［M］. London：Routledge，2017：169-186。

　　本书根据系统综述和荟萃分析首选报告项目（preferred reporting items for systematic reviews and meta-analyses，PRISMA）方法对科学研究论文数据库进行了系统性文献综述（图 2-5）。PRISMA 方法旨在通过建立一个

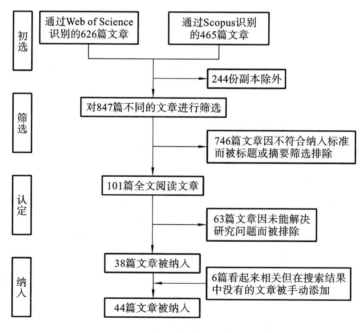

图 2-5　本书基于 PRISMA 方法构建的系统文献综述工作流程

（图片来源：作者自绘）

标准化的流程和模板清单来提高证据荟萃的质量。首先,研究者需要划定研究范围,即数据库中所有与本研究问题潜在相关的期刊论文;其次,需要排除所有重复和不相关的文章;最后,需要汇总所有符合条件的文章。系统性文献综述被公认是可靠和透明的文献证据梳理方法。该方法明确汇报综述过程中所涉及的各个步骤,力求减少抽样偏差,方便其他研究人员进行验证和复现。基于此,本书编制了一套系统性文献综述的筛选问题和入选标准(表 2-3),根据这些问题从每篇纳入的文章中收集相关信息。

表 2-3　系统性文献综述的筛选问题和入选标准

筛选问题	文献中可能含有的相关信息
老年人有什么样的具体特点	年龄;老年人是否被划分为亚群体;老年人是否与其他年龄群体进行比较
研究设计的内容是什么	研究目的;样本量;研究地点;方法;数据类型
老年人如何与蓝绿空间进行互动	蓝绿空间的类型;活动的类型;基本需求的类型
对蓝绿空间的偏好如何定义	偏好或不偏好蓝绿空间的自然特征、感知特征和文化特征
背景如何发挥作用	背景如何影响偏好的变化
入选标准	排除标准
实证研究或原创研究	文献综述;报告;专著析出文献;灰色文献
英文书写	非英语书写
符合本研究所关注的范畴:60 岁以上的老年人、蓝绿空间、短途游憩和偏好	关注年轻人或儿童;关注建筑环境而不讨论蓝绿空间;关注跨国旅游或长途驾车旅行
该论文可获取和阅读	该论文无法获取阅读权限

在系统性文献综述中,本书只纳入同行评审的期刊论文,以确保收集到的科学证据的质量。作者选择了两个主要的学术数据库作为论文检索平台:Web of Science 和 Scopus。检索的期刊论文的出版时间为 2000 年 1 月 1 日起,因为从 21 世纪初以来,该领域的研究逐渐增多,以此划分时间段有

助于我们整合最新的研究证据。检索论文的语言限定为英语。两个数据库中分别进行相同的检索，按"标题＋摘要＋关键词"检索条目。检索的条目同时包含"老年人""蓝绿空间""游憩""景观特征"及其同义词。详细检索项见本书附录 A。

　　文献选取分为四个步骤：初选、筛选、认定和纳入，如图 2-5 所示。首先合并来自不同数据库的搜索结果并排除重复项，然后通过阅读标题、摘要和全文筛选文章。文献采用和排除的标准见表 2-3。完成上述过程后，共筛选了 38 篇文章。另外，还有 6 篇看似相关但未出现在搜索结果中的文章也被手动添加。为确保所依据的科学证据的质量，本书采用了一组标准来检查样本描述、测量定义及处理偏差。最终，共有 44 篇文章通过评审并被纳入本研究。

2.5　影响老年人偏好的环境特征

2.5.1　相应科学证据的得出方法

　　经过上述步骤，我们共获取了 44 篇经过同行评议的文章（见本书附录 B），这些文章来自不同期刊，研究地点包括欧洲、北美洲、南美洲、大洋洲和亚洲，超过一半的研究与欧洲和北美洲有关，其中英国和美国是被研究最多的国家。

　　在上述纳入研究的文章中，相关研究采用多种方法来调查老年人的活动和对自然游憩的偏好（图 2-6）。大部分研究采用了定量数据，也有部分研究同时采用定量数据和定性数据。此外，问卷调查法是收集数据最常用的方法。一些研究采用了标准化问卷，如 PAQ、CHAMPS 和 EPIPorto 来调查老年人在蓝绿空间的自然游憩活动，也有一些研究为了达成特定目标而设计了专门的问卷，用以收集自然游憩不同方面的相关信息。例如，有一项研究使用公众参与的地理信息系统方法来收集人们偏好的活动地点的信息。研究人员还广泛使用了观察法和实验法来分析公园的使用情况,相关技术包括基于视觉图像(照片或虚拟现实)的模拟以及离散选择模型等,目的是使用不用方法来区分不同景观特征的相对重要性。例如,在英国的一项研究中,研究人员陪同患有认知障碍的老年人在陌生环境中行走,观察他们的游览行为,据此分析关键的景观特征。此外,研究人员通过深度访谈来调查老年人对本地景观特色的感知。例如,研究人员引导老年人谈论对自然游憩的看法、对公园特征和设施的意见,以及对景观的感知等。

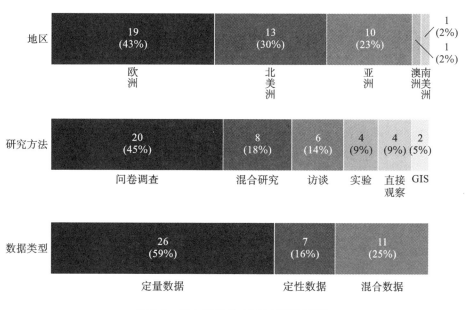

图 2-6　纳入研究的 44 篇文章的特征

(图片来源:作者自绘)

2.5.2　老年人与蓝绿空间的互动方式

研究这44篇文章中关于研究场地、活动、基本需求的分布(图2-7),可以发现在不同类型的蓝绿空间中,公园(30)是最常见的类型,其次是社区绿地(11)、机构绿地(7)和住宅绿地(6)。在各种研究中,"公园"一词有不同的含义,通常用于表示不同位置和大小的绿地。许多研究仅将此词用于表示

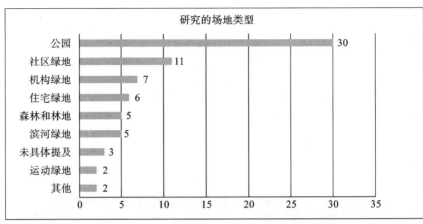

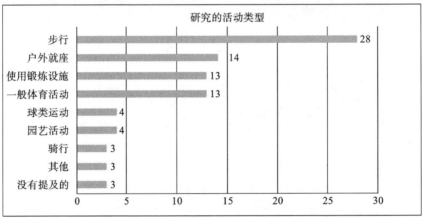

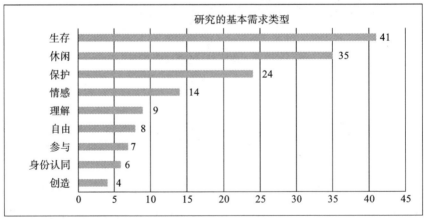

图 2-7 纳入研究的 44 篇文章中关于研究场地、活动、基本需求的分布

(图片来源:作者自绘)

一般的城市公园,但也有研究用它来表示遗址公园、国家公园等。对社区绿地的研究不仅涵盖街道空间和广场上的树木,还包括养老院的庭院或住宅附近的耕地。然而,大多数研究集中在城市区域的公园环境上,只有少数研究关注农村环境的蓝绿空间。具体来说,仅有林地或山地国家公园等特殊场地被纳入研究范畴,村落内部的绿地空间等场所则较少被研究。

关于老年人的自然游憩活动,这44篇文章多涉及的是步行(28)、户外就座(14)、使用锻炼设施(13)和进行一般体育活动(13)。关于步行的研究主要涵盖了两种情况——从家步行到公园,以及在公园中散步。例如,美国的一项研究调查了老年人前往公园的出行方式,发现除了占主导地位的步行,老年人也使用交通工具前往公园绿地,如乘坐私家车和穿梭巴士。关于户外就座,一些研究专门区分了蓝绿空间中的就座休息和就座活动,用以进一步探讨老年人对自然游憩的需求状况。

从麦克斯-尼夫的人类需求矩阵的视角来看,尽管这44篇文章都评估了满足老年人基本需求的环境质量,但对一些需求的研究频率较高。其中,对生存(41)、休闲(35)和保护(24)需求的研究频率最高。生存需求包括在自然游憩中对餐食、卫生间等的需求。休闲需求主要涉及娱乐活动、放松、社交活动。保护需求则与交通安全,以及避免犯罪、伤害和迷路相关。然而,只有少数研究专门探查老年人与大自然之间的情感联系需求,例如自我认同、信仰、受自然启发的创造力,以及古树及历史场景唤起的回忆等。

2.5.3　老年人景观偏好证据的分类

研究发现,尽管不同文化背景的老年人具有大体相同的景观偏好,但也确实存在一定差异。本书将老年人的景观偏好的影响因素划分为四个大类:景观特征、基础设施与设备、维护管理及可达性(表2-4)。每个类别均包含数个普遍性的发现,部分类别蕴含着特定偏好。参考前人的研究成果,本书对这些分类进行了调整。在所有子类中,关于美学、蓝绿空间邻近度和路径的研究最为丰富。

表 2-4　老年人的景观偏好的影响因素

大类	子类	文献数量	景观偏好	备注
景观特征	美学	21	• 自然性,例如各种颜色和高度的植被 • 可观赏野生动物 • 引人注目的建筑或雕像 • 水景,如湖泊、池塘和喷泉 • 视野开阔,但有视觉中心,可以是雕像、石头、水景或独特的植物 • 随季节变化丰富的景色	• 在养老院,老年人喜欢植物环绕的绿地作为防风林,而不是高楼 • 在威尼斯城郊地区,老年人喜欢由 75% 的林地和 25% 的草地组成的混合种植园,而不是纯林地 • 患有阿尔茨海默病的老年人喜欢具有可识别建筑特征的非正式空间,其他人在里面活动;正常的老年人喜欢具有开阔视野的正式蓝绿空间
	可识别性	5	• 可预测的环境 • 地标或具有特色 • 蓝绿空间中的地图信息	• 处于陌生环境中的老年人,只喜欢提供基本导航信息的标志,而不是具有大量信息的标志 • 养老院里的老年人不喜欢妨碍视力的茂密植被
	声景和空气质量	5	• 城市蓝绿空间中的宁静 • 自然的声音,如鸟鸣,以及水和风的声音 • 新鲜空气以及避免城市地区的汽车尾气	• 居住在高密度城市地区的老年人喜欢公园里的安静和清新空气
	阳光和遮阴	6	• 夏天有良好的遮阴条件,冬天有地方享受阳光	

大类	子类	文献数量	景观偏好	备注
景观特征	文化遗产	2	• 可在绿地空间进行日常活动 • 拥有文化遗产、开展节日活动或具有传统氛围的蓝绿空间	• 老年人喜欢年代久远的城市林地,可让他们回忆过去
基础设施与设备	路径	18	• 采用防滑、防水材料的路面 • 无障碍,坡度小于5% • 公园中有长而连续、弯曲的步道,用于休闲散步 • 连接蓝绿空间不同部分的精心设计的道路 • 没有人群和碰撞的车道	• 为了便于识别,患有阿尔茨海默病的老年人喜欢短、窄、连接良好的路径 • 中国的一项研究显示,出于害怕与人群接触的原因,老年人可能会选择与活动区没有关联的公园路径
	交叉路口	5	• 通往蓝绿空间的道路交通量小 • 减少交叉路口,以防堵车 • 有过街的桥梁或地下通道 • 有时间足够让老年人过马路的红绿灯	• 据研究,许多高收入国家的交叉路口数量与老年人身体活动水平的关系呈正相关,而低收入国家由于交通事故多,这一关系呈负相关 • 在中国香港,老年人认为交叉路口越多,他们到达目的地就越方便,包括去往蓝绿空间
	座位	9	• 蓝绿空间里的椅子,最好有靠背和扶手	

大类	子类	文献数量	景观偏好	备注
基础设施与设备	娱乐设施	11	·配备娱乐设施,如户外运动设备、球馆或自行车道 ·儿童游乐场 ·有机会在一些空余的时间开展自己动手的栽培活动	·为避免受伤,老年人希望有配备了使用指导和紧急制动系统的娱乐设施 ·老年人不喜欢需要付费使用的公园设施 ·在栽培活动中,老年人希望可以从其他同龄人或专业园丁那里获得帮助
	商业设施和厕所	10	·供应简餐和饮料的小餐馆,以及蓝绿空间附近的餐厅 ·厕所	·商业区域和混合用途的土地可以吸引老年人走到户外,但不一定是去往蓝绿空间 ·单一的土地用途和更多的公园设施可能会促进老年人在公园内开展更多体育活动
维护管理	清洁	2	·清除了垃圾、地表水和落叶的人行道 ·保养良好的椅子、灯和运动设施	
	安全	11	·有良好能见度和监管的蓝绿空间 ·禁止发生犯罪和破坏公物的行为 ·禁止出现自由奔跑的狗 ·适宜的灯光	·在养老院的户外庭院中,老年人喜欢不同亮度和高度的灯,这样可以获得更好的能见度 ·在养老院的院子里,老年人不喜欢被外界看到,喜欢用栅栏保护自己的隐私 ·在公园和社区开放空间,人们害怕狗攻击他们,有意思的是,许多老年人喜欢自己遛狗来锻炼身体

大类	子类	文献数量	景观偏好	备注
可达性	蓝绿空间邻近度	20	· 从家到公共蓝绿空间步行可达 · 具有良好连通性的街道网络,老年人可以方便地从任何位置前往蓝绿空间 · 增加离家一定距离内的公园数量 · 分布在家附近的小型非正式蓝绿空间	· 在英国,从家到最近的蓝绿空间的建议距离是小于 300 米或步行 10 分钟可达 · 在英国,老年人喜欢距离家 400 米以内的蓝绿空间;在美国,老年人喜欢距离家 1 英里(1 英里约等于 1609 米)以内的蓝绿空间 · 根据土耳其的一项研究,经济条件不好的老年人喜欢去他们居住的城市中心附近的公园,而有车的生活比较富裕的老年人则喜欢去更远一些地方的蓝绿空间
	步行以外的出游方式	2	· 从家到蓝绿空间有公共交通 · 从家到蓝绿空间有自行车道,蓝绿空间内也有自行车道	· 老年人比年轻人更喜欢开车去位于乡村地区的国家公园,而不是使用公共交通工具

2.6 景观偏好研究对循证规划的启示

2.6.1 老年人在自然游憩中的景观偏好共性

本书的研究成果与既往研究相互印证。尽管老年人具有不同的文化背景和行为目的,但在自然游憩中均表现出共同的景观偏好。例如,他们都倾向于可达性和安全性高、可开展体育活动和社交互动，以及美观、易辨的景观。本书的研究确认了这些共同偏好，并确定了自然游憩的核心偏好及景观特征的差异。

城市蓝绿空间，特别是公园的可达性对老年人的自然游憩具有主导作用。然而，既往研究的重点主要在步行和体力活动上。这种研究视角较为单一，忽略了蓝绿空间在满足老年人非运动需求上的潜力，如提供精神慰藉和文化活动参与机会等。尽管有研究关注了蓝绿空间的美学性质等，但视角也与促进游憩行为和体力活动有关，忽略了老年人与大自然的情感联系。关于园艺需求的研究则更少，在纳入本书研究的 44 篇文章中，相关文章仅两篇。这两篇文章的研究表明，老年人在建设自己的生活环境和与其他老年人建立社交关系时，感到富有创造力、心情愉悦和具有参与感。另外，鉴于只有少数研究考虑或比较了乡村和农业地区的老年人游憩偏好，城市地区老年人的偏好是否与农村地区相似尚不确定。

本书将老年人的景观偏好影响因素分为四类：景观特征、基础设施与设备、维护管理和可达性。尽管在不同环境下，部分核心偏好可能受到影响，但老年人与大自然互动的方式确实会与景观特征相互作用。在蓝绿空间类型方面，老年人对蓝绿空间的连通性、空气质量、噪声、商业环境中的绿化和非正式蓝绿空间更为敏感；同时，他们对景观的季节变化、视野开阔度和绿植遮阴适宜度也较为敏感。

研究结果显示，在选择公园时，老年人通常会优先考虑安全性、美观性和自然性。在活动类型方面，老年人喜欢园艺活动（如种花和种菜），因为这些活动可以激发他们的想象力来营造生活环境，并发挥创造力。此外，老年人喜欢坐着使用健身设施，既是为了休闲，也是为了有更多机会在蓝绿空间中停留。

2.6.2　老年人的景观偏好差异

研究发现，在共性之外，老年人对一些具体问题的看法差异较大，甚至有时相互矛盾。这些差异可能缘于不同老年群体在文化背景、生活习惯等方面的差异,包括信仰、价值观、社会经济地位、健康状况和家庭状况等的差异。研究老年群体对不同景观的偏好差异,对规划和设计具有启示意义,下面从几个方面进行分析。

(1)综合性公园与老年人专用公园。

研究表明,很多老年人希望能有老年人专用的公园或者活动场所,原因是他们担心在综合性公园中成为破坏公物行为和其他危险行为(包括盗窃、抢劫等)的受害者。然而,也有证据表明,老年人喜欢去综合性公园或对所有人开放的公共空间等,因为有机会参与代际活动,如观看儿童玩耍等。Loukaitou-Sideris 等发现,在洛杉矶,低收入的老年人对综合性公园或老年人专用的公园有较大分歧。该研究强调,被调查者中的大多数喜欢去老年人专用的公园。分析发现安全性是背后的关键因素——如果一个场所的监管和可视性都比较好,那么在安全有保障的情况下,对全年龄开放的公园不仅能为老年人提供更好的游憩体验和代际交流机会,更能为更多的社会成员提供游憩机会。因此,通过景观设计减少公共空间犯罪行为的发生概率,能够促进老年人的自然游憩活动。同时,景观规划和设计者应注意儿童游乐场的存在对老年人到公园游玩的促进作用,同时应该对游乐场进行有效且适度的管理,在周边提供充分的监护空间和交流场所。

(2)蓝绿空间周边土地的混合利用与单一利用。

在收集的科学证据中,蓝绿空间周边土地利用的状况对自然游憩的影响呈现不同的结果。一项加拿大的研究发现,当周边土地呈现单一用途时,老年人在蓝绿空间中会进行较高水平的体力活动。然而,葡萄牙波尔图的一项研究认为,混合利用的土地可以促进老年人的体力活动。原因是在蓝绿空间周边,混合利用的土地能够为老年人提供更多的步行目的地,包括商店、文化中心和礼拜场所,从而促进老年人的体力活动。这一差异表明,混合利用的土地确实可以吸引人们外出,但不一定是去往蓝绿空间。多样化的土地利用更多与繁华的商业区和商业街道有关。这些目的地能吸引老年人外出购物,但这并不属于自然游憩范畴。在休闲出行方面,蓝绿空间与其他非住宅的建成环境存在一定的竞争性。实际上,老年人外出的原因有很多,如去杂货店、商超、咖啡店,或是去茶馆、教堂和寺庙等。这些目的地都可能会分散老年人的闲暇时间,而这些时间原本可以在蓝绿空间中度过。但是从积极的方面来说,不同的目的地有助于促进老年人外出,而老年人在去不同目的地的路上也可能会经过蓝绿空间。然而,到底什么样的多样化土地利用才能为老年人提供便捷且有效的自然效益,需要进一步研究。

(3)交通的高连通性与低连通性。

老年人在以交通为目的的步行(walking for transportation)和以休闲为目的的步行(walking for leisure)两种不同情况下,可能会对交通的连通性有不同的偏好。香港的一项研究发现,当地老年人的休闲步行行为与道路连通性呈正相关。大量的十字路口会方便老年人去往各种不同的目的地。然而,亚特兰大的一项研究指出,景观的连通性过高可能会打断连续的人行道,妨碍老年人的休闲步行行为。这个问题的关键在于老年人是将步道看作通往其他地方的通道,还是当作景观休闲空间本身。前者强调连通性和便捷性,后者强调舒适性和美观性。这种差异将影响老年人的步行行为、路径选择和对沿路景观的偏好。

(4)偏好相对重要性。

不同研究发现,老年人对偏好相对重要性的看法有所不同。例如,Kaczynski等发现,老年人的体力活动和公园的特征及设施的完备性有显著关系,但和公园的大小及距离家庭住址的远近没有显著关系。其他一些研究则认为,步行范围内的蓝绿空间可以促进老年人的体力活动。这种不一致的研究结果也体现在对蓝绿空间吸引力的探讨上。例如,有研究认为,蓝绿空间本身的物质环境对吸引老年人去公园有决定性作用。但也有研究发现,与公园的物质环境相比,公园提供的社交机会对老年人更具吸引力。由此可见,在不同情境下,老年人的偏好顺序可能会改变。景观规划师应认识到不同的群体对不同景观特征的敏感性存在差异,并不能假设存在一种所有人都认可的"绝对偏好"。因此在实践中,规划师和设计师应积极收集和采纳目标群体的意见,以减少设计决策中的不确定性。

2.6.3 进一步研究建议

研究不仅调查了老年人,还对其他年龄的人群进行了调查。综合分析这些科学证据,本书发现相较于其他年龄段的人群,老年人对环境中存在或潜在的危险因素及负面效应更敏感,具体体现为老年人尤其关注交通安全、潜在犯罪、道路可达状况等。一种可能的解释是,由于老年人身体机能的衰退和感知能力的减弱,他们对自然环境中的不安定因素更为敏感。还有研究发现,相较于年轻人,老年人去公园的频率较低,对林地或公园设施的兴趣也较低。这个发现可能与人们的一般预期相悖,但来自美国的一项研究给出了解释——虽然自然游憩对老年人的身体好处很多,但随着年龄增长,老年人对大自然的渴望程度会有所降低。然而,除了身体机能衰退的原因,更深层次的心理原因仍未被探明,还需要对老年人进行更多调查。后续的研究应该关注老年人对大自然的心理状态、互动过程和情感联系。

在此基础上,进一步研究可以从以下几个方面展开。

(1)研究探讨老年人与蓝绿空间的情感联系,如探索性、创造力、认同感、自在感,以及在蓝绿空间中发生的文化活动等。现有研究主要关注功能属性,如景观如何影响老年人的步行或体力活动,但关于老年人对蓝绿空间的情感依恋的研究不足。

(2)定量描述老年人的景观偏好,以便进行对比研究。现有研究通常采用"存在或缺少"以及"多或少"的定性描述,无法进行标准化的分析和比较,且缺乏精确性,难以为规划设计的实践提供指导。

(3)调查比较生活在城市和农村的老年人对景观偏好的差异。现有研究主要关注城市地区,但规划师和决策者同样需要了解农村地区老年人的景观偏好。农村地区具有不同的土地环境、公共服务和地方文化,规划师需考虑城乡环境的差异。

2.6.4 对规划实践的启示

在实践中,应关注老年人对景观的共同偏好,这些共性可帮助规划和设计者确定最有效的设计因素,尽可能服务更多的人群。这些共同的景观偏好包括美观度、可达性、安全性、设备和配套设施的完善度等。

规划实践应根据老年人自然游憩的不同活动类型来优化蓝绿空间。在社区蓝绿空间中,老年人对连通性、空气质量、噪声和商业环境敏感。在单位和机构蓝绿空间中,老年人更关注景观的季节变化、视野开阔度和绿植遮阴适宜度。在公园中,老年人更关心安全性、美观性和自然性。同时,不同的活动对景观特征的要求有所差异,规划师应系统调查走访,以便充分了解当地老年人的意见。

如有可能,应在规划设计中为老年人提供能自己动手栽植的场所。园艺本身既是一种体力活动,还能有效培养老年人的创造力、社区认同感和参与感,这些因素在以往的蓝绿空间规划中常被忽视。

综上所述,通过研究老年人的自然游憩需求和景观偏好,我们可以循证帮助景观规划师在实践中更好地满足老年群体的需求,提高他们的幸福感和生活质量,通过景观规划循证应对人口老龄化。

3 老年人自然游憩的需求与机会

3.1 自然游憩的空间制图

为了让老年人在自然游憩中获得较好的体验,景观规划师应减少老年人在游憩过程中可能遇到的环境障碍,并充分考虑老年人对景观特征的偏好。现有研究已广泛探讨了老年人的娱乐行为及其对环境特征的偏好,发现他们倾向美丽的风景、安全的环境、易进入的蓝绿空间和维护良好的公园设施。然而,很少有研究将这些依据转化为空间评估,以辅助景观规划师为老年人合理匹配自然游憩需求和机会。

虽然一些研究已尝试进行评估和自然游憩测绘,但这些结果主要基于一般人群需求,且目前的分析对象局限于城市公园,缺乏针对老年人的城市尺度的空间评估,导致规划者在改善城市老龄人口自然游憩供需关系时可能面临诸多阻碍。

自然游憩的空间制图(mapping)是一种在生态系统服务的理论框架内,利用地理信息系统技术和空间分析方法,对自然环境中的游憩资源、活动场所以及与游憩相关的环境特征进行可视化呈现、评估和规划的过程。通过空间制图,可以更清晰地展示自然游憩区域的分布、可达性、设施状况以及与游客偏好相匹配的程度。在景观规划中,通过生态系统服务的制图,可以把环境的物理环境信息、生态信息、社会信息在空间中表现出来,并以

注:本章内容源自著者的博士论文,相应文字和图片基于著者已发表的期刊论文:WEN C, ALBERT C, VON HAAREN C. Nature-based recreation for the elderly in urban areas: Assessing opportunities and demand as planning support[J]. Ecological Processes,2022,11(1):44.

地图的形式和规划决策对接。因此,自然游憩的空间制图对景观规划具有重要意义,具体表现在以下几个方面。

(1)了解游憩空间和设施的分布。

空间制图能够提供直观的视觉信息,帮助规划者了解现有资源的空间分布,从而做出更科学合理的判断和决策。在促进老年人自然游憩的目标下,空间制图可以揭示各类游憩空间和设施的分布,分析其特征、质量、影响等。

(2)优化资源配置。

当规划者在地理空间中掌握了游憩活动的资源供给和需求后,空间制图能够作为一种分析手段,帮助规划者评估游憩资源的利用状况,从而进一步分析供需匹配状况,最终优化资源配置。

(3)评估可达性和公平性。

空间制图可以揭示不同社会群体(如老年人、儿童、残障人士等)在地理空间中的分布,帮助规划者分析他们的需求满足状况,识别弱势群体在自然游憩中可能遇到的障碍,以便从提升可达性和公平性的角度改善城市蓝绿基础设施,最终实现环境公正。

(4)促进多利益相关方的协同。

自然游憩的空间制图可以作为有效的沟通工具和媒介,促进政府、规划设计人员、社区居民、市场力量等多个利益相关方进行交流。将不同利益相关方的诉求在空间中进行表达和分析,能增强规划过程的透明度和公众参与度,提升老年人自然游憩的综合效益,并且有助于评估规划措施的实施效果,从而及时调整相关政策。

综上所述,自然游憩的空间制图对景观规划具有重要意义,有助于实现自然游憩资源的可持续利用,最终积极干预城市人口老龄化的问题。

3.2　老年人自然游憩的需求与机会研究框架

3.2.1　理论概述

近年来,自然游憩的空间制图已受到越来越多的关注。如果从生态系统文化服务的理论视角来看,自然游憩可以理解为一种服务的传递过程——首先由满足一定条件的自然环境提供场所,然后提供一定的辅助手段,如道路、安全设施、卫生设施等,最终促成人们自然游憩行为的达成。在此理论视角下,近年来自然游憩的空间制图相关研究已经考虑了以下方面。

(1)游憩潜力(recreation potential):它代表的是城市中自然环境的原始基底或基础吸引力,强调场所中的自然特征(如地形、水体、植物组合等)、景观特征和可能的园林美学等。

(2)蓝绿空间相关的人力投入(recreation human inputs):例如基础设施、道路交通和可增强蓝绿空间综合吸引力的商业服务等。

(3)游憩需求(recreation demand):通常由区域人口分布、游客访问量和使用频率来表示。

(4)游憩机会(recreation opportunities):例如,综合游憩潜力、人力投入、游憩需求等多类评估结果,对自然游憩进行综合评估和分类。

但是在城市尺度下针对老年人这一用户群体,以往的自然游憩研究较少对居住环境进行空间量化和评估。空间制图需要关于各类城市景观和设施的详细数据,以针对老年人的自然游憩进行分析表达。例如,意大利特伦托的一项研究通过地理信息系统(geographic information system,GIS)手段构建了一个生态系统服务空间制图模型(ESTIMAP模型),对城市中老年人和年轻人的自然游憩进行了空间分析和评价。该研究使用专家评分调整模型参数,使用的数据包括自然特征、土地覆盖、基础设施(如公交车站、步道和游乐场)评分等。另一个比较研究在分析了意大利卡塔尼亚和日本名古屋的城市环境后,绘制了面向老年人和儿童的城市公园的可达性地图。根据公园的规模、用地类型、林木覆盖和服务设施数据绘制出的可达性地图还能够进行再次分类评估,评价结果可以帮助规划者有针对性地提升城市蓝绿空间的数量和质量,更好地服务目标群体。现有研究关于自然游憩的空间制图的分类如图3-1所示。

然而,对老年人的自然游憩状态进行评估必须考虑他们特殊的需求偏

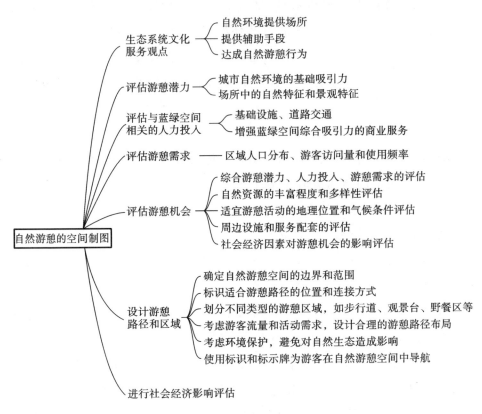

图 3-1　现有研究关于自然游憩空间制图的分类

（图片来源：作者自绘）

好。这一点在之前的研究中常被忽略。现有研究往往采用相同的自然游憩指标来研究老年人和其他年龄群体，如中青年等。但老年人有着不同于其他群体的景观偏好。另外，在对自然游憩进行空间制图时，以往的研究通常考虑的是一个场所本身的自然特征。然而，人们对一个地方的感官体验和游憩质量评价也会依赖于它的周边区域，毕竟场所感的构成并不由个人所处的具体点位而定，也包括目之所及，甚至声音有效传播的范围。其中，景观特征的多样性同样起着重要作用。例如，在城市地区，那些铺装平整、适宜且林木成荫的广场，往往是老年人游憩的重要场所。然而在现有的评价框架下，如果只考虑土地覆盖和利用，该类场所在空间制图中往往被忽略或得到较低的评价指数。同时,既有市域尺度的研究在考虑公园和游憩设施的可达性时,通常采用欧氏距离来衡量直线距离。但与城市网内的网络距离相比,欧氏距离很可能高估了老年人的行动能力,造成对供需关系的误判。在评估城市环境中老年人的自然游憩时,应充分考虑他们的步行行为,不可忽视城市环境中的道路网络。

为了更好地研究老年群体的自然游憩,研究者应更全面地考虑通过空间制图的途径来辅助景观规划。以此为目的,本书旨在帮助规划师和决策者在空间中考虑老年人的身体特征和行动能力,评估城市中不同区位提供自然游憩的潜力,以及直观展示老年人对自然环境的感知需求。此外,空间制图还可以制订针对老年人的游憩设施和基础设施的位置和类型方案,以提高老年人的游憩体验感和安全性。基于本书前两章的理论构建和文献综述,本章尝试构建一个基于 ESTIMAP 模型的特殊指标体系,用以专门研究老年群体自然游憩的空间制图。

本章以德国下萨克森州的首府汉诺威市作为研究对象。汉诺威是一个典型的德国中型城市,人口约 50 万。本章探讨老年人的自然游憩潜力与需求,并倡导构建一个评估框架,旨在深入剖析老年人参与自然游憩的适宜性条件。相关结果可以为市域尺度下通过景观规划应对城市人口老龄化提供参考借鉴。

3.2.2　研究对象

根据汉诺威市 2017 年的数据,该市 65 岁以上老年人占比为 18.7％,预计到 2030 年这一比例将升至 21.9％。汉诺威市的人口特征与德国其他主要城市相似——这些城市通常容纳 40 万到 60 万人口,许多老年人较多的社区位于城市郊区(图 3-2、图 3-3)。汉诺威市以其发达的会展业而出名,并以宜居的环境和低生活压力而闻名,被评选为德国的"绿色城市"。城市的主要蓝绿空间包括市中心附近的一些中型城市公园,还有东部的城市森林(图 3-4、图 3-5)。

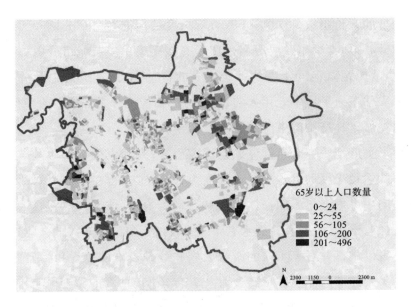

图 3-2　汉诺威市 65 岁以上老年人在人口普查区的分布情况

（图片来源：作者自绘，数据来自汉诺威市政府网站 www.hannover.de）

图 3-3　汉诺威市的行政区划及 13 个主要城区

（图片来源：www.hannover.de）

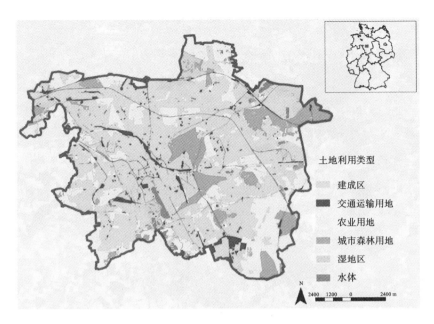

图 3-4 汉诺威市土地利用分类

（图片来源：作者自绘，数据来自德国 DLM 数据集）

图 3-5 汉诺威市蓝绿空间典型场所

（图片来源：作者自摄）

3.2.3 ESTIMAP 模型

ESTIMAP 模型是一个灵活的地理信息系统建模框架，可用于评估各种生态系统服务，包括自然游憩（图 3-6）。在该框架内，研究者可以通过制作各类专题地图来呈现和分析自然游憩涉及的多个方面——例如潜力、需求、游憩机会。每个专题地图都可以由不同的空间指标组成，反映了不同研究领域的研究内容，如空气质量、景观指数、微气候等。这些不同类别的地图可以进行交叉分析和叠加分析，以生成更灵活的组合结果。

JRC TECHNICAL REPORTS

ESTIMAP: Ecosystem services mapping at
European scale

Grazia Zulian, Maria Luisa Paracchini, Joachim
Maes, Camino Liquete

Report EUR 26474 EN

2013

图 3-6 欧盟支持的生态系统服务制图研究项目：ESTIMAP

（图片来源：欧盟委员会联合研究中心网站 https://publications.jrc.ec.europa.eu/repository/handle/111111111/30410）

ESTIMAP 游憩模型是一整套建模工具组当中的一种模型,用于在生态系统文化服务的理论框架下评估自然游憩服务的潜力和机会。该模型通过量化生态系统服务与人类游憩活动之间的关系,引入地理信息系统技术和多源数据,评估不同的空间点位对游憩活动的支持程度。ESTIMAP 游憩模型通常会考虑土地利用和覆盖、水域、植被、交通可达等因素。这些因素也是影响目标群体游憩体验的因素。

本书关于老年人群自然游憩的潜力、机会和相对需求的研究流程如图3-7 所示。为了使 ESTIMAP 模型更好地体现老年人的需求偏好,本书参考 ESTIMAP 研究中的模型延展技术指南对现有的游憩模型进行了调整(表3-1)。调整的内容:①针对研究目的,重新制定了空间制图的流程和规则,包括建模内容、空间比例尺、模块划分等;②根据老年人的特征调整了因子和参数;③强调德国汉诺威市的空间尺度和环境特征,将具有本地特色的游憩资源考虑进建模过程。在此基础上,本书构建了评估老年人群自然游憩的 ESTIMAP 模型(表 3-2)。

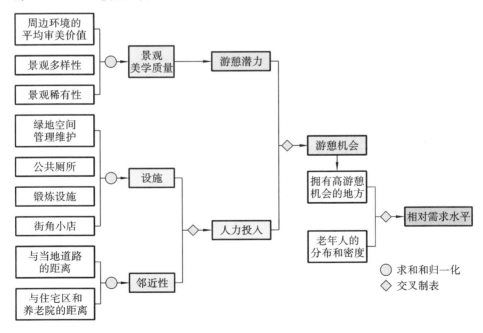

图 3-7　研究流程图：评估老年人自然游憩的潜力、机会和相对需求

(图片来源:作者自绘)

表 3-1　对 ESTIMAP 模型所做的调整

步骤	关键问题	调整内容
知识生产类型	最终的空间制图有哪些应用	最终的空间制图可以在城市尺度上帮助本地的规划者了解老年人自然游憩的不同情况,这些空间信息可以用于识别城市蓝绿空间开发的关键位置
	利益相关者如何参与	考虑借助文献研究、人口统计报告、本地政府关于老年人的工作计划来设计反映老年群体需求偏好的模型
时空尺度	应该考虑哪些时间和空间尺度	研究将在市域尺度考虑空间建模;由于人口变化是一个历时性的过程,该模型希望在当下和近期有时效性
模型规则	哪些要素应该被包含在内	基于老年人对自然游憩偏好的数据,这些组成要素应该反映影响偏好的不同方面的环境特征,基于以下两个方面来决定空间指标:①该空间指标能体现城市老年人的自然游憩;②该指标涉及的数据在城市尺度上可得
	我们应该怎样将这些要素联系起来	该模型需要同时包含"叠加分析"和"查找表"方法,前者通过将同一空间位置的不同指标进行叠加,可组合得出一个综合指数,而后者则通过交叉列表分析法来研究两种不同的特征如何组合
获取反馈	是否有来自独立数据的验证图	可通过多源数据集进行验证,特别是针对偏客观的物理环境类特征,例如,植被、水景等景观要素和某些可以采用多源卫星图像或其他类似数据源的设施;然而,一些偏主观的数据还有待验证,到目前为止,还没有针对研究区域内老年人游憩机会的实地研究;尽管在该地区开展空间明确的实地调查超出了本建模研究的范围,但未来的参与性工作(如公共参与性地理信息系统)可用于验证和改进结果

表 3-2　评估老年群体自然游憩的 ESTIMAP 模型架构、变量和数据

构成要素	相关问题	模型配置				
		所用模型	变量	变量数量	GIS数据	针对老年人的特定调整
游憩潜力	景观美学质量的评估结果在空间中如何呈现和分布	景观美学质量模型	周边环境的平均景观美学价值:对每个小区进行焦点统计计算,得出的值可表征小区周边区域的平均景观美学价值;景观多样性:采用香农多样性指数;景观稀有度:判定一个场所的生物群落是否属于该研究区内的稀有类型	3	BRH	为了更好地了解城市地区老年人的视觉体验,使用了一个精细尺度的生境群落数据集,并将邻域计算的范围调整为 100 米
人力投入	在城市的不同地点,配套设施的可达性如何	设施	蓝绿空间维护:判定一个场所是否属于休闲用地、体育场地、历史遗迹等,同类研究认为这些类型的用地会有经常性的维护,因此适合自然游憩;公共卫生间:按公共卫生间网络距离划分的服务范围;运动设施:按网络距离划分的运动设施服务范围;街角小店:按网络距离划分的街角小店服务范围	4	DLM;HGW;OSM;KIOD	环境特征的选择是基于老年人对自然游憩的偏好,在这些设施的服务范围内,老年人自然游憩的体验感将会得到提升;对这些指标和参数进行调整,以求反映老年人在城市环境中的自然游憩行为

构成要素	相关问题	模型配置				
		所用模型	变量	变量数量	GIS数据	针对老年人的特定调整
人力投入	这些地区与居民区、养老院和道路的交通便利程度如何	邻近性	当地道路的邻近性；与居民区和养老院的邻近性	2	HGW；OSM	关于当地道路、住宅建筑和养老院的详细信息被添加到模型中

注：BRH 为 2017 年汉诺威市的生物群落数据，来源于德国下萨克森州的环境、能源、建设和气候保护部门。DLM 为汉诺威市的数字景观模型，数据由德国下萨克森州的国家地理信息和土地测量局提供。OSM 为来自 OpenStreetMap 的街道网络数据，处理过程使用了 Python 的 OSMnx 程序包。HGW 为汉诺威市官方网站的开放地图经电子化处理后获得的空间数据。KIOD 为全德国商店位置的数据库，经过地图软件校准。

3.3 自然游憩各要素的评估方法

3.3.1 自然游憩潜力的空间评估

本书采用景观美学质量(landscape aesthetic quality，LAQ)模型来进行自然游憩潜力的空间评估。该模型基于一个近期在同行评议期刊上发表的建模研究。这一研究利用德国的自然地理特征和人文要素，构建了一个评估景观美学质量的 GIS 模型。该 GIS 模型应用了多层次和多指标的方法来评估区域尺度下德国全境的景观美学质量，给本研究的建模带来了一定的启发。从现有研究来看，自然景观的视觉要素在影响老年人的自然游憩行为中起着主导作用。针对老年人，已有研究证明他们对丰富多样的植物景观、可预测的环境结构及具有特色的景观特征有明显的偏好。本研究聚焦城市尺度的老年人，因此对原始 LAQ 模型的因素和参数进行了适当的调整,以便更加适配研究目的。本书对模型的因素和参数进行的调整主要包括以下三个方面。

(1)周围环境的平均景观美学质量。

一个场所的景观美学价值,不仅仅取决于这个场所本身,更取决于它周围可见的区域。为了量化周围环境的平均景观美学质量,我们运用了基于栅格的移动窗口方法来计算场所的平均美学质量。该方法可通过 GIS 中的焦点分析来实现。在这一步,LAQ 模型将运用客观测量的景观特征数据来模拟景观美学指数。其中,每一项景观特征的基础美学评分都是基于前人的实证研究,即对德国当地环境的美学质量进行打分而制定的。参考同类研究,本研究中的景观组成是指自然生态系统(生物群落)类型的组成。这个类型由具有相似物理和生态学特征及景观功能的各种生境组成。由于所引用数据的限制,本研究使用的美学价值基础评分不仅来自老年受访者,也来自其他年龄的受访者。然而在研究范围内,尚没有专门针对老年人景观美学评价的实证调查研究。因此,本研究参考引用的研究数据已是可得范围内质量较高的资料,具有一定的代表性。

(2)周围环境的景观多样性。

为了量化地区的多样性,我们选用了香农多样性指数(Shannon's diversity index,SHDI)。选择 SHDI 的原因是其广泛应用于生物多样性和景观多样性的研究,提供了可靠和科学的评估方式。SHDI 数值越高代表环境越多样化,并且景观类型更加丰富。SHDI 的计算公式见式(3.1)。

$$\text{SHDI} = -\sum_{i=1}^{m} P_i \times \ln P_i \qquad (3.1)$$

其中,m 为给定区域内景观类型的数量,P_i 为给定区域内第 i 类景观的面积占比。

(3)景观稀有度。

我们根据特定景观在研究区域内的面积比例来确定其稀有程度。本研究中,判定景观是否"稀有"的标准是核对其在研究范围内的面积是否低于总面积的 5%。这些"稀有"景观对周边环境的美学质量具有重要影响。

"稀有"的景观在本地的数量较少，往往具有吸引力和新颖性，因此它们能使本地居民和游客产生特殊的景观体验。这些特殊的景观经过保护和利用，也可以构成城市范围内重要的观赏点位和拍照打卡点位，从而提升整体游憩质量。本研究采用的方法与 LAQ 原始模型类似，使用面积比例阈值来测定任意一处空间位置具有的景观稀有度。在连续空间中，稀有的景观可以用点来表达，但它对游憩的影响是在一个面域内实现的。参考同类研究，本研究通过一个距离衰减函数来决定其影响范围，如式（3.2）所示。

$$f(d) = \frac{1+K}{K+e^{a \times d}} \tag{3.2}$$

其中，景观稀有度 $f(d)$ 是一个受距离 d 影响的函数，而 K 和 a 是控制距离衰减效应的两个常数参数。在本研究中，K 校准为 208.603，a 校准为 0.0535。这意味着景观稀有度的最大影响距离为 200 米，在中间距离时其影响程度将减少一半。

关于景观美学评价的最终评分，本研究利用以上三个因素进行空间叠加，并在 0（最差美学质量）到 1（最佳美学质量）之间进行归一化。该步骤的处理方法与 ESTIMAP 标准模型的处理方法相同。

3.3.2　人力投入

城市景观的自然游憩潜力构成了市民游憩活动的基础，但这些景观是否能顺利转化为游憩机会，还需要评估对它们的开发和维护程度。因此，人力投入是评价游憩机会的另外一种重要指标。本书将人力投入定义为人们为了顺利获得大自然所提供的福祉所添加的必要的人工设施和维护服务。人力投入可分为两部分，一部分是设施相关的投入（强调将自然的游憩价值顺利转化为可利用的形式），另一部分是邻近度相关的投入（强调能确保人们顺利到达或获得相关自然游憩服务）。

结合上一节的研究结果,设施相关的投入应该涵盖四个方面:蓝绿空间维护、公共卫生间、运动设施,以及街角小店。选择这些因素主要有以下三点考虑。①辅助设施:如果某一处蓝绿空间的附近有小型商业场所(例如街角小店或报刊亭)和公共卫生间,它能显著提升对老年人的吸引力。因为这样的蓝绿空间能同时满足老年人在自然游憩中可能会延伸出的其他基础需求,包括获取饮用水、纸巾、报纸,或者上厕所等。②持续和专业的蓝绿空间维护服务:包括修剪树枝、清理地面,以及定期检查座椅等街道家具,以确保蓝绿空间的安全性和可用性。③锻炼和娱乐设施:功能完善的户外运动设施能鼓励老年人进行更多体力活动,棋牌类的娱乐设施也能鼓励老年人在自然中进行休闲活动及相互交流。

本研究通过 GIS 中的网络分析来衡量各种设施在空间中的影响范围。本研究参考了关于老年人步行行为和市内短途游憩的研究,将蓝绿空间与服务设施的老年人最大可接受步行距离设定为 500 米。换一种说法,如果某一处蓝绿空间与服务设施和城市路网中的老年人的步行距离在 500 米以内,那么该蓝绿空间将被认为具有良好的设施支持。超过这个步行距离,则认为该处蓝绿空间缺少相应的服务设施和人力投入支持。研究考虑了距离衰减效应,即相对近距离的设施会获得更高的人力投入,这也符合常识性的预期以及现有的研究证据。

与邻近度相关的人力投入因素包括两个方面——是否邻近道路,以及是否邻近住宅楼或养老院。具体的计算方法是在 GIS 中通过对这两个因素进行邻近度分析,得到两张邻近度的结果图,并分别进行高、中、低三档的分段。然后,研究采用交叉列表(cross-tabulation)分析法将两张地图结合起来,综合判定出同时靠近道路和老年人居住地的区域。在同类空间分析中,交叉列表法常被用于分析如何将不同类别的变量数据进行综合,揭示在空间中两个变量的不同数值段如何进行组合。

此外,本研究力图强调老年人特别关心的安全问题,并在研究测试阶段尝试融合客观测量的交通数据和犯罪统计数据。然而实际可获得的安全事故发生地的数据不全,在空间中的分布过于不均,且分辨率较低,难以代表真实状况。另外一个问题是,这些安全数据是针对全体市民的统计,没有专门聚焦老年人,也不包括详细的受害者信息。因此,本研究经过审慎考虑没有将它们用于建模。

既然无法用数据表征老年人在环境中的安全风险,作为一种替代方案,本研究参考了影响老年人安全感知的其他社会环境因素,如经典著作《美国大城市的死与生》等指出,靠近住宅和街角商店的街道及蓝绿空间会给人提供较好的场所感、邻里效应,并且具有监视作用。这些因素也和安全感息息相关,并且能在建模中被空间数据表征。因此本研究在建模时引入了这些数据。

在完成上述"自然游憩潜力"和"人力投入"两大指标的测算之后,本研究就完成了针对老年人自然游憩需求的生态本底和附加设施的评估。适合老年人游憩的场所是那些既具备较高自然游憩潜力又有较高人力投入的区域,它们也可以被定义为游憩机会较大的区域。通过空间分析,这些被评估和筛选出的区域同时拥有较为优美的自然环境、便利的交通条件,以及完善且便利的配套设施,包括座椅、卫生间和紧急呼叫系统等。老年人在选择游憩的蓝绿空间时,倾向于同时考量多个因素,形成一种"推—拉"的决策机制。本研究使用的空间分析方法反映了这些相关的研究共识。综合这些条件评估筛选出的场所既考虑了老年人在自然游憩中对于环境的需求,又考虑了他们的基本需求。

3.3.3　自然游憩机会的热点分析

本研究运用 Getis-Ord Gi* 统计方法来进行热点分析,目的是在空间上确定游憩机会评估的高数值集群区域和低数值集群区域,即高游憩机会值区域和低游憩机会值区域。Getis-Ord Gi* 统计方法是一种分析局部空间自相关(local spatial auto-correlation)的方法,识别出对空间随机过程重要的集群。分析所得的热点区与冷点区能够帮助我们在城市尺度上理解游憩机会分布的空间格局,并提炼其中的规律和模式。

3.3.4 老年人自然游憩的需求评估

本研究进一步评估了城市中老年人对自然游憩的需求水平。根据文献,这一步可通过分析老年人口密度与高游憩机会值区域的距离关系来实现。研究虽然特别选取了游憩机会值较高的区域进行分析(主要是为了探查优质游憩资源的环境公正,这些得分较高的区域具有良好的景观美感、便捷的公共设施和优越的地理位置等优势),但是这里也特别声明,城市中的其他蓝绿空间同样有可能成为老年人自然游憩的选择。

本研究在 GIS 空间分析中,首先依据研究区域的 100 米分辨率的高精度人口网格与人口普查数据,详细描绘了老年人口的分布图;接着,计算了这些人口网格点到最邻近的高游憩机会值区的直线(欧氏)距离。此处采用欧氏距离而非网络距离来估算可达性主要基于两点考虑。第一,老年人在城市中进行自然游憩活动通常无法界定准确的目的地,所以尽管网络距离本身是一种考虑路网的精确步行距离的表达,但它在此处并不能被有效使用。本次评估重点关注城市中开放式蓝绿空间的可持续访问机会,这些空间往往不设有固定的主要入口。欧氏距离因为能更简便地概括不同地点间的空间关系,在这里更有代表意义。第二,鉴于大多数城市缺少详细的人行道网络数据,使用欧氏距离使得本方法能够在不同城市条件下保持普适性。

然后,我们将距最近的高游憩机会值区域的距离与老年人口密度进行交叉列表,得到老年人对自然游憩的相对需求水平表(表 3-3)。该指标无量纲,用以定量描述各个街区对自然游憩机会的相对需求强度,综合反映了老年人口密度及其与高游憩机会值区域的直线距离两个维度的数据。

表 3-3　老年人对自然游憩的相对需求水平表

老年人口密度（老年人口/公顷）	距最近高游憩机会值区域的距离/m			
	0～300	300～600	600～900	900 以上
0～5	1	1	1	1
5～30	1	2	2	3
30～80	1	2	3	4
80～300	1	3	4	4

注：该方法源自 Baró 等（2016）和 Paracchini 等（2014）。

评估老年人对自然游憩的需求是理解老年人口与城市蓝绿空间关系的重要内容。它为城市规划者提供了满足这些游憩需求，以及借此提高老年人生活质量和健康水平的策略依据。根据这些评估结果，城市规划者和管理者能够优化自然游憩资源的分布和各类设施的覆盖，以更好地满足老年群体对自然游憩的需求。

有了数据和证据的支撑，城市规划师和管理者可以采取多种措施以促进老年人利用自然游憩资源。例如，可以在自然游憩需求高的区域进一步改善适配老年人身体特点的交通条件，如设置步行道、红绿灯，增设特定站点的公交线路等，以便老年人前往蓝绿空间。另外，如果在现有城市格局中难以新增蓝绿空间，则需要改善现有蓝绿空间内的适老化的设施，如休息座椅、遮阳设施和户外健身器材等，来提升其对老年人的吸引力，并使之更适合老年人使用。

深入了解老年人对自然游憩的需求，并对空间进行表征和分析，有助于规划设计研究者和从业者为老年群体打造更加宜居的环境。在后续的研究中，应进一步考察影响老年人自然游憩需求的其他变量，如健康状况、文化倾向和经济条件等，以全面理解老年人对自然游憩的需求。

3.4 评 估 结 果

LAQ模型的空间评价结果展示了德国汉诺威市自然游憩潜力的空间分布格局(图3-8)。超过一半面积的建成区自然游憩潜力低,拥有较高游憩潜力的区域大多分布在城市边缘,包括南部的湿地和湖泊、西部的皇家花园,以及东北部的城市森林地带等。相较之下,拥有较低游憩潜力的区域主要位于市中心周边的高密度居住区及外围的农田区。需要特别指出的是,在城市公园中仅有少数大型公园被评定为具有较高的游憩潜力。

就人力投入而言,空间评估结果显示汉诺威市中心及其周边几公里的区域拥有较好的人力投入(图3-8)。尽管接近东部边界的地区展现出较高的自然游憩潜力,但这些地区的设施投入却相对不足,并未帮助这些区域充分发挥出生态本底的游憩潜力。

图3-9揭示了汉诺威市老年人的自然游憩机会的空间分布格局。自然游憩机会较高的区域均满足两项核心条件:其一是自然景观的自然度、多样性、稀有度等程度高,其二是周边环境提供了较好的服务设施且可达性高。自然游憩机会的空间评价结果显示,游憩机会较高的场所汇集成两个明显的带状区域——沿城市湖河系统线性展开,或顺着城市中的绿色廊道延展。这个评价结果符合实际情况,也展现了城市中自然景观与人类活动的融合。同时,研究还发现城市中还散布着多个游憩机会值较高的小片区域。这些区域主要是专门为老年人设计的社区公园或考虑了老年人使用特点的街旁绿地。这些高品质的小微绿地为老年人在高密度的建成环境中提供了离家较近的休闲场所。

表3-4进一步展示了汉诺威市及其各行政区的平均游憩机会值。作为基准值,全市的平均游憩机会值为4.3。而那些老年人口比例达到20%的老龄化区域,其游憩机会值却普遍低于此平均值,并集中反映在Buchholz-Kleefeld和Kirchrode-Bemerode-Wülferode这两个地区。这一数据反映了

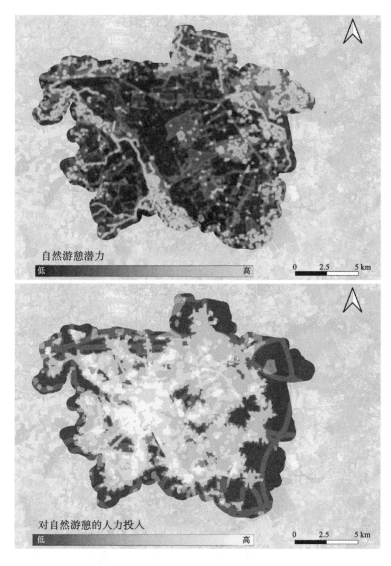

图 3-8　汉诺威市城市空间的自然游憩潜力和人力投入的评估结果

(图片来源:作者自绘)

一个值得警惕的现象:尽管一些区域的老年人口占比较高,但这些区域的老年人可获得的自然游憩资源却相对匮乏。这不仅体现了当地老年人自然游憩的供需失衡,也反映了优化这些地区的自然游憩资源配置的迫切性。

图 3-9 汉诺威市城市空间的自然游憩机会评估结果

（图片来源：作者自绘）

表 3-4 汉诺威市地图绘制结果的分区统计

区域	人口/人	65 岁以上人口百分比/（%）	平均美学价值	平均游憩机会值	高游憩机会值的区域面积/km²
Mitte	37254	14.2	0.24	3.9	10.7
Vahrenwald-List	70720	16.6	0.12	3.3	8.2
Bothfeld-Vahrenheide	49667	22.4	0.36	4.6	30.7
Buchholz-Kleefeld	45241	22.6	0.23	3.9	14.0
Misburg-Anderten	33545	21.8	0.46	5.1	28.2
Kirchrode-Bemerode-Wülferode	32069	21.4	0.25	3.9	23.8
Südstadt-Bult	43119	16.8	0.28	3.6	7.1
Döhren-Wülfel	34512	20.8	0.33	4.2	16.5

区域	人口/人	65岁以上 人口百分比/(%)	平均美学 价值	平均游憩 机会值	高游憩机会值的 区域面积/km²
Ricklingen	46048	21.6	0.21	4.3	14.7
Linden-Limmer	45725	12.2	0.30	4.1	8.2
Ahlem-Badenstedt- Davenstedt	34467	22.3	0.19	4.3	9.9
Herrenhausen-Stöcken	36859	19.1	0.28	4.4	12.2
Nord	32435	13.3	0.30	3.7	10.9
汉诺威市总计	541661	18.7	0.32	4.3	204

在对自然游憩机会进行热点分析后，Gi^*统计方法计算出的Z值得分揭示了游憩机会值在空间分布上的聚集特征(图3-10)。研究进一步确认了多条高自然游憩机会值的线性廊道。这些廊道穿插于河流、湿地、公园，以及其他多种景观类型所组成的蓝绿空间之中。这些显示出连续而多样的特征的自然环境是吸引老年人自然游憩的关键因素。相对而言，低游憩机

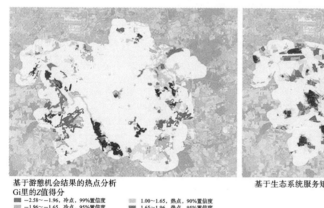

基于游憩机会结果的热点分析
Gi里的Z值得分

- −2.58～−1.96，冷点，99%置信度
- −1.96～−1.65，冷点，95%置信度
- −1.65～−1.00，冷点，90%置信度
- −1.00～1.00，不显著
- 1.00～1.65，热点，90%置信度
- 1.65～1.96，热点，95%置信度
- 1.96～2.58，热点，99%置信度

基于生态系统服务矩阵法的热点分析

0 1 2 3 4 5km

图3-10 汉诺威市城市空间的自然游憩机会的热点分析

(图片来源:作者自绘)

值区域主要分布在成片的建成区和城郊的农业区。这些区域功能单一,缺乏多样化景观,在提供高质量休闲游憩空间方面存在不足。

最后,在分析老年人自然游憩需求的空间分布时,研究综合考量了各人口网格中老年人口的密度,以及老年人与高游憩机会值区域的距离(表3-4)。结果如图3-11所示,老年人自然游憩需求量最大的地区是一条穿越市中心的狭长区域,这些区域老年人口较为密集,并且离高游憩机会值区域的距离较远。这些空间分析的结果不仅指出了城市中哪些区域需要改善老年人的自然游憩条件,也为城市蓝绿空间的进一步建设提出了规划建议。

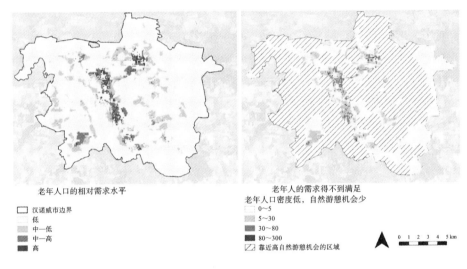

老年人口的相对需求水平

☐ 汉诺威市边界
低
中—低
中—高
高

老年人的需求得不到满足
老年人口密度低,自然游憩机会少
0~5
5~30
30~80
80~300
靠近高自然游憩机会的区域

0 1 2 3 4 5km

图 3-11　老年人的自然游憩需求分析

(图片来源:作者自绘)

3.5　规 划 策 略

针对汉诺威市的实证研究,根据自然游憩机会与需求之间的空间评估结果,我们提出三项规划策略来提升老年人的自然游憩质量。

(1)在市中心的高密度区域,提升老年人的自然游憩质量的主要措施是提升现有蓝绿空间周边的配套设施、"见缝插绿"增设口袋公园等微型蓝绿空间,以及提升社区蓝绿空间的可游玩性。在这个区位往往没有空间新建大型蓝绿空间,或者面临诸多限制和挑战。规划师的工作重点是借助对自然游憩供需关系的分析,结合实际情况提供多元化的自然景观、充足的遮阴、舒适的休息设施等,满足老年人的日常散步游憩需求。

(2)在城市局部尺度,规划师应重点关注改善公园与住宅区之间的步行环境,尤其是打造好绿色通道和水岸步行道。一个高质量的步行环境系统可以降低出行障碍,扩大可达的蓝绿空间范围,并且鼓励老年人进行体力活动。同时,既往研究也证明了步行道对于提升蓝绿空间分布的环境公正具有关键作用。

(3)在城市远郊区域,尤其是自然游憩潜力较高的区域,应通过增加必要的休息和便利设施,将这些游憩潜力顺利转化为游憩机会。这些高品质游憩区能够进一步增强城市森林或荒野的吸引力,能够为老年人提供一个观赏大自然和远足的游憩环境。

3.6 研 究 评 价

本研究在城市尺度的连续空间上对老年人的自然游憩行为进行了空间表征和评价。一方面,研究的整体框架利用了 ESTIMAP 模块化结构的优势,便于在建模研究自然游憩时根据目标对象和本地特殊的社会环境因素选取不同的变量。另一方面,本研究融合了 LAQ 模型与针对老年人的街道可达性分析,能够更有效地反映老年群体在都市环境中进行自然游憩的行为和偏好。

本研究的创新点之一是在连续空间中完成了针对老年人自然游憩的定量评价。相比常见的针对具体统计单元的研究(比如评价某个具体的公园,或以行政区单位作为统计单元),本研究的成果能更有效地审视多样和异质的城市景观。过分依赖统计单元可能会忽略单元内部的空间异质性。例如,将连续空间的评价结果简化为基于若干统计区的汇总数据,有可能会造成信息损失,阻碍或误导规划者把握自然游憩空间体验的细微变化。连续而精确的空间评估可以提供传统统计方法难以提供的信息,从而为规划者在自然游憩空间的设计与管理上提供循证支持。

本研究用一系列的空间评价方法研究了自然游憩的潜力、机会和需求,加深了我们对老年人自然游憩各个层次的认识理解。本章提出了一种针对特定目标群体——老年人的自然游憩的空间评估方法,并运用多种指标来模拟环境对老年人游憩行为的影响。这种通过环境指标来分析老年人游憩行为的方法,被称作替代指标(proxy indicators)的方法。这种方法常被用于无法获取目标群体的行为数据的情景。而老年人等弱势群体的行为数据属于较难获取或收集的数据。同类研究,如 La Rosa 团队在 2018 年的可达性研究和 Cortinovis 团队在 2018 年的棕地再开发研究,均采用了替代指标来评估老年群体相关的自然游憩行为。不同的是,本研究基于系统的文献综述,聚焦老年人的偏好并提出专门的空间评价框架。在此基础上选取的指标和参数,能够加深我们对老年人自然游憩空间模式的理解。有参考价值的研究结果不仅有最后一步自然游憩机会的估算,还包括对自然游憩潜力和相关设施的评价。这些评价在景观规划和设施管理中均有特定的指向意义。本章基于指标的自然游憩空间评估可作为现场调查研究的补充,向规划师更全面地展示自然游憩的空间分布现状。

符合研究假设的是,当我们将 ESTIMAP 框架以老年人为评价对象进行修改后,其结果与原方法存在显著差异。本研究的评价分数更为严苛。这种差异有其合理性。

首先,本研究在 ESTIMAP 的框架中采纳了 LAQ 模型,这个模型在市域尺度考虑了人群的视觉体验。而当它在解析景观特征时,会特别偏向景观的多样性。某些城市环境可能因为景观单一,而在美学价值和自然游憩机会上得分较低。因此从自然游憩的角度,城市景观风貌应避免在视觉呈现上表现得同质化。

其次,本研究还特别考虑了对老年人自然游憩较为重要的人力投入因素。尽管对于其他年龄段的群体而言,缺乏这些设施的影响可能并不显著,但对老年人而言,这是选择游憩目的地的重要考虑因素。以汉诺威市为例,研究发现自然游憩潜力与人力投入的空间分布并不重合。这表明现有的城市风景资源和自然游憩潜力并没有被完全开发,特别是面向那些对服务设施依赖较大的老年人。自然游憩机会的空间评价结果表明,市中心的多个高密度居住区并没有较高的游憩机会。这种供需不匹配的关系可以通过多种方式进行改善,例如在关键位置增设小型蓝绿空间、改善其配套设施,或是提升蓝绿空间的可达性。

最后,尽管本研究专注老年人对自然游憩的需求,但本章提出的模块化框架同样适用于研究其他社会群体,如儿童、残障人士等人群。通过考虑目标群体所偏好的景观特征,该研究路径能够有效分析适合不同目标群体的自然游憩的空间模式。具体来说,替代指标、LAQ 模型,以及网络分析等模块的灵活性使得这个框架能够通过纳入不同的变量和参数而具有一定的通用性。

在市域尺度,当规划者面对不同的空间评价结果时,可通过分析老年人自然游憩的供需空间关系来制定具体的措施(图 3-12)。这些措施包括精准地加强人力投入、新增小微蓝绿空间,或者在关键区位构筑城市蓝绿空间廊道以联结分散的高游憩机会值区域,从而整体提升老年人的自然游憩体验。

本研究也存在一定的局限性。首先,在使用 LAQ 模型时所参考的打分表是基于一个在本地进行的景观特征研究(具体评分依据见附录 A)。但需要指出的是,该研究提供的美学价值评定并非仅限于老年群体的调查信息。现实的限制是,目前尚缺乏老年群体对本地景观美学特征的调查研究,而系统地调查老年人的视觉偏好已经超出了本研究的范围。所以本研究参考的打分表已是最接近研究目的的资料。为应对这一问题,本研究基于对老年人需求的综合研究和文献综述,已对模型参数进行调整,以求更准确地反映老年人的自然游憩审美偏好。其次,在分析设施的邻近性和可达性时,本研究设定了一组步行距离阈值用于调查老年人的短途自然游憩。然而,

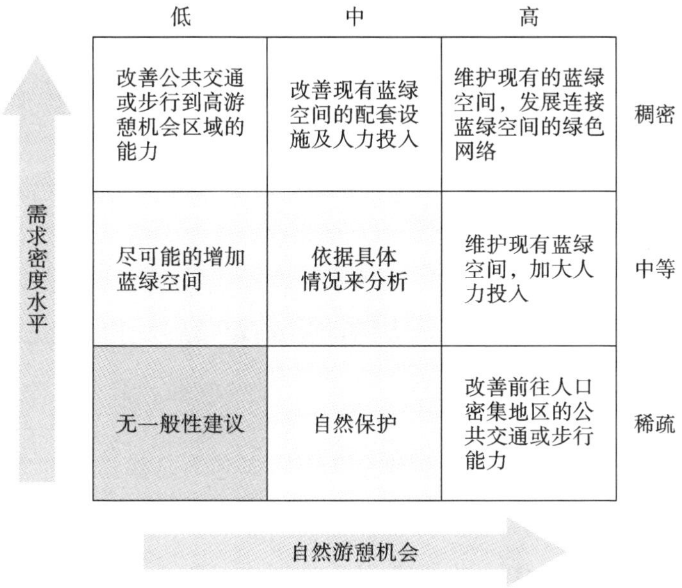

	低	中	高	
需求密度水平	改善公共交通或步行到高游憩机会区域的能力	改善现有蓝绿空间的配套设施及人力投入	维护现有的蓝绿空间，发展连接蓝绿空间的绿色网络	稠密
	尽可能的增加蓝绿空间	依据具体情况来分析	维护现有蓝绿空间，加大人力投入	中等
	无一般性建议	自然保护	改善前往人口密集地区的公共交通或步行能力	稀疏
	自然游憩机会			

图 3-12　提升老年人自然游憩质量的措施

(图片来源:作者自绘)

这可能排除了老年人可能采取的其他出行方式,如公共交通等。不同的距离参数可能会导致不同的结果。最后,本研究旨在指导地方规划实践,主要采用了精细程度较高的本地数据集,并未测试其他通用性的数据。

4 蓝绿空间的可达性与公平性

4.1 环境公正与老年人的蓝绿空间可达性

上一章,我们详细探讨了如何量化评估老年人自然游憩的需求,以及城市蓝绿空间的游憩潜力与机会,特别是引入了 ESTIMAP 模型和 LAQ 模型来对老年人的景观体验及各类服务设施进行分析。在定量分析的过程中,研究审视了蓝绿空间与居住空间的邻近程度,并测定了各类设施的分布和影响范围,进一步强调了景观规划实践应重点考虑老年人的需求。从环境公正的角度来说,蓝绿空间应被视作一种重要的资源。研究老年人的自然游憩不应仅仅分析他们偏好的景观和设施,还应客观测定老年人对蓝绿空间资源的获取能力。

因此,本章在此基础上更进一步,着重研究城市蓝绿基础设施(urban green and blue infrastructures,UGBI)和蓝绿空间的分布公平性。为了体现对老年人这一特殊社会群体的关注,本章采用了一种改进的"两步移动搜索法"(two-step floating catchment area,2SFCA)模型来分析蓝绿基础设施的老年群体可达性,以及它背后蕴含的公平性问题。在此过程中,我们不仅增强了对老年人视角下的城市蓝绿空间条例评估的理解,也为环境正义的实现提供了实证基础。

注:本章内容源自著者的博士论文,相应文字和图片基于著者已发表的期刊论文:WEN C, ALBERT C,VON HAAREN C. Equality in access to urban green spaces:A case study in Hannover, Germany,with a focus on the elderly population[J]. Urban Forestry & Urban Greening,2020(55): 126820.

通过对可达性和环境公正的深入探讨,我们旨在构建一个更全面的评价体系,这一体系不仅涵盖了老年人对自然游憩的景观和基础设施的需求,也包含了他们对于蓝绿空间可达性和公平性的期望,从而使我们增强对老年人如何与城市蓝绿空间互动的理解,并从"年龄公正"的角度理解城市蓝绿空间对于市民需求的满足情况。

对环境公正的探讨和实践,已在当下成为城市规划与景观设计专业重要的议题。环境公正包括负面的环境威胁和风险避让,也包括正面的蓝绿空间资源分配。这一点在城市蓝绿空间的规划与管理领域尤为显著。规划实践者应基于公正的原则深入分析不同的社会人群,并考虑这些人群的包括自然游憩机会在内的需求是否得到满足。环境公正研究对蓝绿空间可达性有不同的理解(表 4-1)。众多研究显示,蓝绿空间中的游憩活动对个人具有多重益处,包括提升个体的体力活动水平、心理健康程度,以及社会交往的频次和质量等。这些对人的重要作用也是蓝绿空间除生态调节功能外的核心价值所在。可达性(accessibility)常被用于衡量一个群体获取某项资源的能力或者可能性。如前文所述,自然游憩的机会可被视作一种稀缺资源或是人民的权利,那么蓝绿空间的可达性研究就成为我们研究社会弱势群体的一个新视角。相应分析可以用来调查包括老年人在内的弱势群体是否能获得公平的或达到标准的自然资源配置。现有的城市研究表明,蓝绿空间可达性通常与社会经济状况和人口特征有显著的相关性。也就是说,具有不同社会经济状况或人口特征的群体往往在城市中享有不同的自然游憩机会。环境公正与老年人的蓝绿空间可达性的相关研究主题如图 4-1 所示。

表 4-1　环境公正研究对蓝绿空间可达性的不同理解

观点	基本解释	对蓝绿空间供需关系和可达性的理解	建模分析重点
现实性 (reality)	描述和分析当前的环境和社会状况	分析现有蓝绿空间在不同社区的分布; 考察不同社区居民的蓝绿空间使用频率和状况	收集蓝绿空间分布数据,使用 GIS 进行空间分析,评估蓝绿空间分布不均情况及可达性

观点	基本解释	对蓝绿空间供需关系和可达性的理解	建模分析重点
公平性（equality）	为所有人提供相同的条件和资源	以人均或户均指标评估蓝绿空间的数量、面积、可达性等，并进行比较	调查蓝绿空间资源的分布，研究不同的社区周边是否有均等的资源供给
公正性（equity）	认为经过干预和帮助后，所有人所获得的支持和资源相同	识别不同社区对蓝绿空间的具体需求；细分不同社会群体的可达性差异，并在规划方案中向弱势群体倾斜	调查不同社会群体的资源获取情况，并进行横向比较
正义性（justice）	关注历史和系统性不平等，移除障碍	考察历史政策对蓝绿空间分布的影响；评估可达性对一些因历史原因导致社会经济状况较差的区域的长期影响	进行历史趋势分析，使用政策评估工具评估历史决策的影响，模拟纠正措施的潜在效果

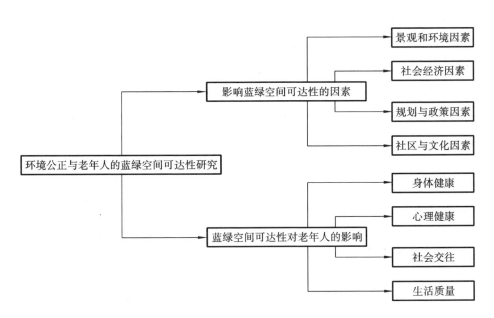

图 4-1　环境公正与老年人的蓝绿空间可达性的相关研究主题

（图片来源：作者自绘）

以往对于蓝绿空间可达性和环境公正的研究主要是从社会经济角度切入，即研究低收入群体是否被剥夺了公平享有自然游憩资源的机会。相对而言，年龄因素在蓝绿空间可达性的研究中较少被讨论。但是近年来，伴随着全球城市人口老龄化的问题，越来越多的研究开始关注环境公正当中的年龄议题。老年群体，特别是 65 岁及以上的老年人，正逐渐成为研究关注的重点。老年人同时面临身体机能的下降以及因为退休产生的生活状态的改变，因此城市蓝绿空间对老年人的意义显得特别重要。一方面，老年人由于体能和健康的限制，体力活动相对减少。蓝绿空间扮演了促进老年人体力活动的角色。另一方面，蓝绿空间也给老年人提供了同龄人相互交往甚至跨代交流的公共场所。蓝绿空间对老年人的吸引力不仅来源于优美的自然环境和休憩的空间，也来源于作为社交场所对老年人的身心健康起着重要作用。因此，从年龄角度探讨蓝绿空间的可达性和环境公正尤为重要。

在德国柏林的一项研究中，研究人员计算并对比了不同社会群体的人均绿地面积，并评估了拥有不同绿地可达性的社区在空间中是如何分布的。这项研究对于了解老年人的蓝绿空间可达性尤为重要。该研究发现，尽管绝大多数居民的人均绿地面积达到了城市颁布的基本标准，即人均 6 m² 绿地，但由于老年人对一些服务设施有特别的需求，并对蓝绿空间遮阴条件和自然环境的多样性等更为看重，因此老年人实际上能享用的蓝绿空间面积低于计算出的理论值。这项研究强调了在评估蓝绿空间资源分配时，直观的数量统计往往会忽略特定人群的实际需求和对质量的考虑。因此，政策制定者或规划师在规划城市蓝绿空间系统的供给时，有必要在通用性的人均面积等指标外，进一步考虑目标群体的具体需求，包括但不限于服务设施的可达性、蓝绿空间的舒适性及其环境多样性等。

进一步的研究表明，城市中蓝绿空间的可达性差异可能直接或间接影响老年人的总体健康状态。在蓝绿空间可达性较差的区域，老年人可能面临着更多的健康挑战，包括较高的压力水平和较低的活动量。这些身体和心理的影响可能进一步导致其他后果，例如可能会导致更高的慢性病发病率。

从当下建设"健康城市"的视角来看,蓝绿空间的可达性对于促进公众健康至关重要。这些自然环境在高密度的城市中提供了宝贵的物理环境来促进人们的体力活动,对于老年人来说能降低肥胖和慢性病的风险。此外,蓝绿空间作为城市生态系统的重要组成部分,有助于减轻城市热岛效应,并且能吸附颗粒物,改善空气质量,降低周边市民的呼吸系统疾病发生的概率。蓝绿空间作为社交场所还能帮助老年人进行精神放松,对于改善心理健康和预防心脑血管疾病具有一定效果。因此,确保并提升蓝绿空间的可达性,吸引更多人进入蓝绿空间、享受蓝绿空间是促进居民健康和可持续城市发展的有力措施。为了使蓝绿空间的健康效应能顺利发挥,城市规划者和决策者应系统性地思考这一问题,研究如何规划和设计更加包容和可持续的蓝绿空间,服务更多人群。

从方法论的角度来说,进一步的研究可以着眼于开发更加精细化的蓝绿空间可达性评估工具,以确保所有社会群体,特别是弱势群体(如老年人),能够在评估中被充分考虑并提供科学证据,进而以循证规划的方式影响蓝绿空间资源分配。然而,我们需要认识到,蓝绿空间的可达性和分布公平性问题是多维度的,涉及城市规划、景观设计、社会学、公共卫生、环境心理学等多个领域。只有通过跨学科的合作,实践者才能更全面地解决蓝绿空间的可达性和公平性问题。

4.2　蓝绿空间可达性和公平性评估

4.2.1　背景与研究进展

在城市规划和风景园林学科中,蓝绿空间可达性和公平性已经成为当下的研究热点。但如何通过建模手段定量化地进行分析,特别是将老年人的需求和偏好纳入这个模型框架当中,仍然是当下研究的难点。究其原因,主要是难以在空间中量化老年人的步行行为及其对自然游憩的偏好,也难以将现有的多偏向于定性研究的成果转化为可达性建模的方法和指标。

　　首先,老年人存在个体差异。老年群体虽然是一个整体,但内部的差异性较大,并且难以用概述和通用类的方法来描述他们的个人状况,如身体状况、行动能力、自然游憩偏好等。不同老年人的这些要素可能存在显著差异。具体来说,一些老年人可能由于健康状况不佳,倾向离住所更近、设施更完善、管理维护更到位的公园等,而另一些健康状况较好的老年人,则可能倾向更自然的户外环境和轻度的户外活动。具体到不同的地区和地理气候等差异,还有的老年人倾向户外棋牌、门球、羽毛球等体力活动。老年群体的自然游憩偏好和可达性的差异性(表 4-2)使得单一的模型往往难以全面考虑老年群体对蓝绿空间的需求。

表 4-2　老年群体的自然游憩偏好和可达性的差异性分析

老年群体的 差异性因素	差异性描述	对自然游憩的偏好	对可达性的影响
年龄	中低龄老年人(65～74岁)	偏好中低强度的体力活动,如散步或其他强度较低的运动	可以承受较长距离的步行,但仍偏好较为便捷的公共交通
	高龄老年人(75岁及以上)	倾向安静、安全的蓝绿空间,要求有座椅等设施,远离嘈杂的交通	对距离非常敏感,活动地点较固定,偏好离住所近的蓝绿空间
健康状况	有行动障碍的老年人	需要平坦、无障碍的路径和休息区	对路径的便捷性敏感
	健康状况较好的老年人	偏好各类户外活动,没有太多限制	对蓝绿空间的布局和设施的需求较高

老年群体的差异性因素	差异性描述	对自然游憩的偏好	对可达性的影响
经济状况	低收入老年人	偏好免费或低成本的活动	对交通费用和公园门票或相关支出费用敏感
	经济状况良好的老年人	可能会寻求高质量、多样化,以及商业配套服务更完善的公园	对蓝绿空间的质量和多样性敏感
生活方式	有明确的户外活动偏好	偏好的场地满足户外活动(如钓鱼、观鸟、棋牌、户外跳舞等)的要求	对特定地点(如可供徒步、观鸟等活动的特定场地)的可达性敏感
	偏好安静的活动	偏好安静、遮阴的蓝绿空间,如安静的社区小公园或街边绿地	偏好远离喧嚣的道路或场所
社交需求	社交活跃的老年人	偏好设施相对完善(如有座椅和卫生间等设施)的公园	偏好易于到达且适合进行社交活动的蓝绿空间
	喜欢独处的老年人	偏好安静、隐蔽的蓝绿空间	偏好远离喧嚣但安全性有保障的蓝绿空间

其次,城市蓝绿空间的差异性较大。蓝绿空间是蓝色基础设施和绿色基础设施的总称,它们包含了分布在城市各处、类型和质量都不尽相同的生态地类。不同的城市和片区具有不同的地理特征,因此其内部的公园、绿地、河流沿线、湖泊沿岸等区域都可能拥有不同的景观风貌。这种

空间的多样性意味着需要采用更多维度的方法来考虑蓝绿空间的可达性和公平性。同时,有必要分析不同类型和特点的蓝绿空间对老年人吸引力的差异。

然后,在技术方法上,将老年人的需求和偏好纳入模型框架也存在多方面的挑战——包括数据的获取、处理、分析、展示等多个方面。尽管当下已经进入大数据时代,但老年人的日常行为的数字痕迹并不像其他年龄群体那么显著。因此想要获取关于老年人行为模式、自然游憩和空间使用方面的数据,仍存在较大的障碍。尤其是这些数据如果面对建模的需求,需要较高的时空精度。相应地,从有限的数字痕迹数据中分离、筛选出和自然游憩较为相关的信息也较为困难。如果需要真实反映老年人的自然游憩需求,需要专门组织、收集、分析相应的数据,这些均需要大量时间和资源。如上文所述,老年群体对自然游憩的需求和偏好通常与较多变量相关,如个人健康状况、社会经济地位、地区风俗习惯等,这些因素的复杂性进一步增加了定量建模研究的难度。例如,一些拥有不同文化背景的老年人在蓝绿空间中进行自然游憩和消遣时间的方式可能截然不同。分析相应的功能和社交活动需要考虑不同的期望和偏好。但如果将社会文化因素纳入可达性建模中就需要搭建额外的研究假设和分析路径。因此,结合老年人的具体需求和偏好进行建模是一个较为复杂的过程,涉及多处理解和技术上的挑战。

近期的研究在量化蓝绿空间可达性方面已经有了较大突破,能够帮助规划师和管理人员从多个角度更深入地理解不同社会人群进行自然游憩的可能性及机会。这些研究从空间"邻近性"(proximity,包括通行距离、通行时间等指标方法)、"广义面积"(area,人均蓝绿空间供应量,人均可达蓝绿空间面积等,或满足某种条件的蓝绿空间的量)和"质量"(如设施的种类和状况、是否具备一些景观特征)等多个维度对蓝绿空间的可达性进行了深度探讨(表4-3)。这些研究在一定程度上考虑了上文所分析的探讨可达性时应注意的问题。然而,现有的建模研究在帮助我们理解老年人对于自然游憩的偏好方面仍有一定欠缺。不论是环境因素,还是一些重要的参数的设置,在老年人的蓝绿空间可达性的建模研究中尚未得到充分的反映。尤其是城市范围内的研究,现有关注点集中在城市公园等传统的绿地上,而对于开放式的河流沿线、湖泊沿岸、城市森林、社区花园和一些非正式蓝绿空间等类型关注不足。在很多城市现有的公园体系之外,这些类型多样的蓝绿空间不仅在生态功能上起着重要作用,其广阔的分布和实际提供游憩机会的能力对于加大城市的整体自然游憩供给具有重要意义。

表 4-3　常用的可达性计算方法分类

大类	子类	核心指标	描述	优势	局限性	适用场景
空间邻近性分析	不考虑实际道路	欧氏距离	计算居民居住点到最近蓝绿空间的直线距离	计算方便,易于理解和解释	不考虑实际行走路径和地形,可能会忽略对步行距离敏感的研究对象的需求	普适性较强的计算蓝绿空间可达性的方法,可用于不同研究区域的横向比较情况
	考虑实际道路	道路网络距离	基于道路网络计算居住点到蓝绿空间的实际距离或通行时间	考虑交通的情况下,更真实地反映实际可达性	需要较为详细的道路网络数据;设置参数较多	主要用于研究建成区,或有详细道路交通数据的区域
面积分析	人均蓝绿空间量	人均蓝绿空间面积、人均可进入蓝绿空间面积等	按人口数量划分蓝绿空间面积,评估人均蓝绿空间供应;还衍生出三维绿量等相关指标	最常用的方法,直观展示蓝绿空间分布的平均值	忽略人口密度,以及蓝绿空间的使用频率和内部异质性	城市规划和政务部门的统计中最常用的指标,通识性的计算和展示

大类	子类	核心指标	描述	优势	局限性	适用场景
面积分析	服务区覆盖分析	蓝绿空间服务半径	评估重要蓝绿空间（如城市公园）的有效服务覆盖区域	通常结合人口数据和商服数据，评估蓝绿空间的服务能力	服务半径参数的确定依赖其他高精度数据，或依托一个研究假设	蓝绿空间系统规划、公园设计等以蓝绿空间为出发点的实践项目
质量分析	服务设施与服务质量评估	蓝绿空间内部设施和服务的类别、数量、丰富度	评估蓝绿空间所提供的具体服务能力	对蓝绿空间实际使用体验的全面评估，弥补人均蓝绿空间面积等概括性的数据统计的不足	通常需要较详细的现场调查和用户反馈	针对具体蓝绿空间的改善和维护计划

　　此外，如何从空间计算的角度分析城市蓝绿空间和老年人自然游憩的供需关系，当下仍存在研究缺陷。老年群体对步行距离较为敏感，一些研究普通人群可达性的方法有可能失效，或者并不能准确反映老年人的特征。例如，传统研究中常用"容器法"来计算蓝绿空间的人均面积，即用特定区域内的蓝绿空间总面积除以总人口数。这种方法因为简易、直观而被各级统计部门广泛运用。然而，这种方法高度依赖统计单元本身，并且有一些不容忽视的缺陷。具体来说，在同样的连续空间中，选用不同的统计单元可能会导致不同的统计结果，这种因观察单元的差异而产生的统计差异通常被称为"可变区域单元问题"（modifiable areal unit problem，MAUP）。这是一个经典的空间统计问题，对于依赖证据来进行的景观规划来说尤其需要警惕。例如，如果选择的统计单元较大，那么内部人口分布的不均匀可能会导致计

算出的平均值失真，从而无法反映实际的偏态数据分布情况。如果选择的统计单元较小，那么所计算的平均值结果更偏向于描述蓝绿空间资源的分布情况，而忽略了居民的移动能力，严格意义上并非计算可达性。同时，"容器法"所依赖的研究假设是将所有蓝绿空间资源均一化求和，然后除以统计单元内的人口总数。但是这种方法忽视了蓝绿空间内部的异质性。如果仅以面积作为衡量蓝绿空间供给的标准，则无法将人的复杂需求偏好纳入建模中，从而不能反映蓝绿空间实际所提供的游憩潜力。相同面积的蓝绿空间，可能因为其内部差异较大的服务设施、保养维护、景观美学质量等因素，而实际产生较大的游憩机会差异。在传统研究常用的"容器法"下，这些影响老年人实际游憩体验的重要因素可能会被完全忽略。

为了突破这一局限，一些微观尺度的可达性引入了更精确但也更复杂的方法。有研究采用了"集水区"（catchment area，即缓冲区）的概念来更精确地测量蓝绿空间与使用人群的供需关系。这种方法需要首先计算人口网格或人口统计单元的可达范围——可达的缓冲区；然后再计算这个可达的缓冲区所覆盖的蓝绿空间数量。或者反向思考，首先计算某一蓝绿空间的缓冲区，然后分析这个缓冲区中所包含的人口数量。一些研究同时考虑了供给端（蓝绿空间）和需求端（居住点）的缓冲区，并创建了"两步移动搜索法"（2SFCA）。这种分析方法的核心优势在于打破了一些基于距离的计算中所设定的研究假设，即人们只能访问距离他们最近的蓝绿空间。而实际上，包括老年人在内的群体因为对一些景观和蓝绿空间服务设施的偏好，有可能会选择距离他们更远的蓝绿空间。此外，该方法也假设了每个蓝绿空间单元会有来自不同人口统计单元的来访者。这种"多对多"的关系考虑了蓝绿空间的访问压力。因为某个蓝绿空间不仅服务于其最邻近的居民点，也可能吸引距离稍远但仍处于该蓝绿空间缓冲区内的居民。在评估蓝绿空间的可达性时，多对多的关系能够更准确地反映人地互动。2SFCA 这类方法能帮助规划师更全面地理解蓝绿空间的供需情况，因此现在已经得到了越来越多的认可和使用。

然而，当前的研究仍存在一个主要瓶颈，就是如何将景观美学作为评估蓝绿空间质量的一个重要因素纳入可达性的建模研究。在城市范围内，广义的景观美学包含了自然和人造环境中人们对环境的审美评价。它不仅包括对传统山水格局和生态地类的审美感知，也涵盖了对城市布局、建筑设计、街道景观等建成环境的美学考量。城市中的景观美学评价通常涉及较多维度，如视觉吸引力、历史文化价值，以及环境的心理影响等。具体到可达性的建模中，景观美学的作用是区分不同蓝绿空间的质量，并影响人群选择自然游憩目的地或游览路径。蓝绿空间在可达性建模中不应该是均值的，而是有较大的异质性。景观美学质量较好的蓝绿空间有较大的吸引力，提供更佳的游憩体验和心理健康效应，有可能吸引距离更远或更多的居民前来休闲游憩。与之相对应，景观美学质量较差的蓝绿空间吸引力较小，一般情况下仅能吸引居住在周边的民众。而谈到广义的蓝绿空间吸引力，特别是对于老年群体而言，可达性建模也可以将服务设施齐备状况、维护状态、安全性等其他区分蓝绿空间质量的因素考虑在内。例如，已有充分的研究表明老年人倾向蓝绿空间中有舒适的休息区、无障碍通道、维护良好的路面和植被。因此，在可达性中纳入景观美学、舒适度、便利性等要素，能更准确地反映老年人自然游憩的需求。其评价结果有助于促进在城市规划和景观规划中针对老年人的包容性和环境公正。

本章旨在以空间量化的方式分析老年人使用城市蓝绿空间的差异性，在市域范围的连续空间中评价不同蓝绿空间针对不同居民社区的可达性。最终的研究目的是揭示老年群体在城市不同区域内获取自然游憩资源的不均衡现象。在分析现有研究方法存在的局限后，本研究建立了一种多维度的空间评估框架，不仅计算了城市各个人口普查区的人均蓝绿空间数量，还综合分析了蓝绿空间的综合吸引力（包括蓝绿空间的数量和景观美学质量）、街道网络结构，以及蓝绿空间资源供给点和居住区需求点之间的多对多关系。

据此，本研究聚焦以下几个关键的问题。

第一，综合植被及生态地类类型、城市水体特征、蓝绿空间面积、景观美学质量等多个因素,探究城市尺度下蓝绿空间自然游憩机会的空间分布格局。

第二,以老年人为研究对象,考虑其不同的步行能力,分析连续的城市空间中每个人口普查区的蓝绿空间可达性状况,并以标准化的形式横向比较。

第三,分析一些老年人口比例较高的重点区域的蓝绿空间可达性状况,探查是否存在老龄化程度较高的社区自然游憩机会差的情况。

在全面的评估基础上,本研究将针对可达性的评估结果提出规划建议。这些建议旨在提升城市蓝绿空间系统分布的合理性,从数量、质量、关键位置、设施服务等多个角度促进城市弱势群体的自然游憩公平性。本研究秉承的价值观是希望所有的居民社区,特别是老龄化程度较高的居民社区,能够充分且便利地享受到自然游憩所需的城市蓝绿空间。为此,本研究的所有步骤都将搭建在 GIS 空间分析之上,结合定性的研究资料与定量的空间数据,以实现对老年人自然游憩机会和可达性的精准建模评估。此外,研究还将考虑城市规划中如何进一步优化城市蓝绿空间的整体布局和连通性。提升城市蓝绿空间网络的连通性,一方面,有利于构建更有韧性的生物网络,提升生态系统抗干扰和自我恢复的能力;另一方面,也有利于提升自然游憩资源的可达性。期望研究的成果能够对城市蓝绿空间的规划和管理提供询证的数据支持,以促进城市环境的可持续发展。

4.2.2 研究架构

在构建城市蓝绿基础设施可达性综合评估框架的过程中,本章将分步骤、深入地探讨城市绿色基础设施和蓝色基础设施在连续空间中的分布问题。本研究的核心目的是揭示老年人如何在城市环境中到达这些生态资源所在地以进行自然游憩活动,并通过空间分析来说明如何通过改善蓝绿空间的格局和连通性来提升老年人的生活质量。城市蓝绿基础设施可达性综合评估框架由现状评估、详细分析和诊断与建议三个相互关联的模块组合而成(图 4-2)。

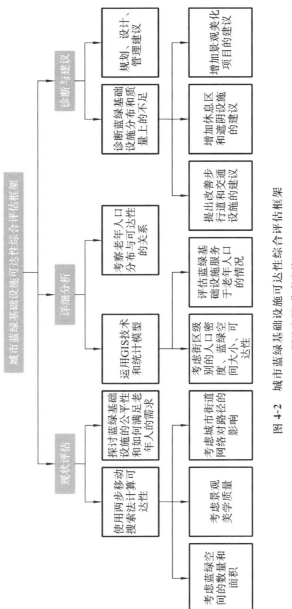

图 4-2　城市蓝绿基础设施可达性综合评估框架

（图片来源：作者自绘）

(1)现状评估。

在这一阶段,研究首先使用了"两步移动搜索法"(2SFCA)来计算蓝绿空间在连续空间中的可达性。这是一种考虑资源供给和居民需求之间相互作用的空间分析方法。这种方法允许我们在整个城市的连续空间范围内,对每个人口点位的可达蓝绿基础设施进行定量评估。我们不仅关注蓝绿基础设施的数量和面积,还着重考虑了基于生态地类的景观美学质量——如植被的自然度、多样性,以及其他影响视觉吸引力的要素。此外,研究还考虑了城市街道网络如何影响居民到达蓝绿基础设施的实际路径。在以上考虑的基础上,现状评估将为下一步的详细分析做铺垫,以便重点探讨不同居民点可达的蓝绿基础设施是否公平,是否能够满足老年人的需求。

(2)详细分析。

在此环节,本研究运用 GIS 空间分析技术和统计模型对现状评估的结果进行深入分析。这个阶段的主要工作方法是借助基尼系数来量化蓝绿基础设施空间分布的公平性。需要特别说明的是,研究重点评估了老年人口比例较高的居民点,剖析蓝绿基础设施的可达性是否与老龄化程度呈现正相关。

(3)诊断与建议。

基于可达性分析的结果,研究将诊断蓝绿空间在分布和质量上存在的不足之处。可以预见的是,尽管某些区域内蓝绿基础设施资源丰富,但由于缺乏适老化设计和相应的辅助设施,老年人利用这些蓝绿空间的频率不高。还有一些蓝绿基础设施内部的连通性较弱,无法形成城市或者城市局部尺度的自然游憩网络。针对这些可能的情况,研究将提出一系列规划建议。例如,改善交通设施和道路环境,以减少老年人到达合适的蓝绿空间的障碍;增加休息区和遮阴设施,提升蓝绿空间的视觉吸引力等。

本研究旨在提供一个以老年人可达性为中心的蓝绿空间分析视角,通过改进城市蓝绿基础设施的分布和质量来提升老年群体的自然游憩体验。通过这套综合性的研究框架,规划师和城市管理者能够更精准地分析老年人在城市环境中的体验,提升环境公正水平。本研究涉及的重要概念及其解释如表 4-4 所示。

表 4-4 本研究涉及的重要概念及其解释

概念	解释
蓝绿基础设施 (urban green and blue infrastructures，UGBI)	指城市中蓝色基础设施和绿色基础设施的总和，包括生态地类、植被区域、水域等。典型的蓝绿基础设施包括公园、花园、草地、城市森林、湖畔系统等。蓝绿基础设施对于维护城市生态系统的完整性、生物多样性，以及提供各类生态系统服务具有重要作用
公平性 (equality)	相近的概念有"公正"(equity)、"正义"(justice)等。这里的公平性主要指城市中不同区域居民点位的老年人在获取蓝绿空间资源和进行自然游憩时不存在机会及可能性上的差异。公平性的测度不仅涉及距离计算，也涉及社会经济状况和人口学特征等。公平性涉及收入水平、受教育程度、文化背景、年龄分布等因素，每个因素都有可能影响个体或群体进行自然游憩的机会和可能性。但本研究主要关注人口年龄结构
可达性 (accessibility)	指个体或群体能够到达并使用蓝绿基础设施的机会或可能性。本研究将可达性分析的对象界定为在一定条件(如步行距离阈值)下可到达并使用的开放蓝绿空间的面积。这里包含了两个层面，首先人们能够在步行距离下到达这些蓝绿空间，其次这些蓝绿空间满足一定的自然游憩的标准
服务区域 (service area)	指一个供给点(如公园)能够提供服务的地理范围。这通常与特定的距离阈值或人口覆盖区域有关，影响居民可达该供给点的便利性
供需比 (supply-demand ratio)	技术性术语，指评价区域内蓝绿空间资源供给数与需求数的比值。供需比在本研究的背景下并不作为直接评价可达性的指标，但它是一些更复杂方法，如 2SFCA 的重要中间变量，用于衡量蓝绿空间的服务能力是否匹配居民密度和需求

概念	解释
基尼系数 (Gini coefficient)	是一个常用的公平性/不公平性度量指标,常常与洛伦兹曲线一起进行分析,作为数值和可视化的展示方法;用于衡量城市蓝绿基础设施分布和可达性的不平等程度,值域从 0(完全平等)到 1(完全不平等)
空间自相关 (spatial autocorrelation)	用于描述和探查地理空间中相似的特征在空间上呈现出的聚集、离散或随机分布的情况。空间自相关可计算全局空间自相关和局部空间自相关;前者可用于分析整个研究区域的空间自相关情况;后者可用于分析每一个统计单元的空间自相关情况。正值的空间自相关说明相似的属性特征倾向于在空间中集中分布,而负值的空间自相关说明相似的属性特征倾向于在空间中分散分布

　　本研究仍然选择德国汉诺威市作为研究对象。本研究主要使用的数据是精确的人口统计数据与土地利用数据。这两个关键数据对于评估城市中蓝绿基础设施的分布格局和供需状态具有重要意义。为了进一步剖析城市生态网络的复杂性,本研究特别引入了生态环境(biotopes)数据集,该数据集包含了多种自然栖息地类型,能够支撑 GIS 技术进行进一步的分析。生物群落数据集为研究提供了详尽的自然生境分类,包含不同生态状态的林地、草地、社区公园、水域等逾百种类型,合计超过 1200 个空间单元。生态环境数据集由汉诺威地方政府环境部门提供,详细分类及分值见附录 C。该数据集相较于传统的遥感用地分类数据,能够将生态地类和自然景观的分类从相对单一的统称,如"林地"或"草地"等笼统的分类,细化为更精细的生境类型,从而支撑对城市生物多样性及自然美学质量的精细化研究。

　　由于本研究主要关注老年人,所以街道网络的布局和特征对评估蓝绿空间的可达性至关重要,本研究也对可达性的路径进行了深入分析。本研究使用编程语言 Python 和 OSMnx 工具包进行了地理空间数据的挖掘和分析。具体来说,研究从 OpenStreetMap 提取了详尽的步行道路信息,将其融入 GIS 分析中。在进行可达性建模时,研究使用的道路数据是从 OpenStreetMap 中筛选出的那些被定义为"可步行"的道路路径。这样分析的目的是确保评估结果能够真实反映步行者的实际可达信息。构建这个分析路径是为了提升研究的可复现性和标准化程度,确保数据收集和分析的可靠性。最终,相应的研究成果能以数据支撑的方式服务于提升城市自然游憩的可达性和公平性。

评估城市不同位置居民点的自然游憩机会以及相应可达性是本研究的核心议题。本研究采用了一种基于距离衰减原理的量化分析方法,即"两步移动搜索法"(2SFCA),用以精确计算各人口普查街区及人口点位的城市蓝绿基础设施人均资源量。距离衰减原理,即越靠近某处居民点的蓝绿基础设施,其对于该居民点的贡献能力就越大;而越远离某处居民点的蓝绿基础设施,其相对贡献能力就会越小。这种方法综合考虑了蓝绿基础设施的地理分布和居民分布,而不仅仅考虑供给端的容量。更重要的是,这种方法引入了"缓冲区"的概念,考虑了缓冲区内的居民数量和蓝绿空间资源的共享和互动情况。因此,该方法提供了一种超越传统人均蓝绿空间量计算的新视角,后者的计算方法通常是简单地将蓝绿空间面积除以各个统计单元的人口数,而不考虑距离因素和居民的移动能力。通过这种方法,研究能够综合考虑蓝绿基础设施的综合服务能力(如面积、设施、景观美学质量等),以及居民的综合需求等,从而更精准地分析城市自然游憩资源的分配公平性。2SFCA 的计算公式如式(4.1)～式(4.3)所示。

$$R_j = \frac{S_j}{\sum\limits_{k \in \{d_{kj} \leqslant d_0\}} G(d_{kj}, d_0) P_k} \tag{4.1}$$

$$G(d_{kj}, d_0) = \begin{cases} \dfrac{\mathrm{e}^{-\frac{1}{2} \times \left(\frac{d_{kj}}{d_0}\right)^2} - \mathrm{e}^{-\frac{1}{2}}}{1 - \mathrm{e}^{-\frac{1}{2}}}, & d_{kj} \leqslant d_0 \\ 0, & d_{kj} > d_0 \end{cases} \tag{4.2}$$

$$A_i = \sum\limits_{l \in \{d_{il} \leqslant d_0\}} G(d_{il}, d_0) R_l \tag{4.3}$$

其中，R_j 表示特定蓝绿空间 j 的容量比，S_j 则代表该蓝绿空间 j 的总容量。这里，"容量"指的是蓝绿空间的实际面积大小。根据现有的关于两步移动搜索法的研究，R_j 用于衡量任意一处蓝绿空间在其一定网络距离的缓冲区内平均能够为一个居民提供的自然游憩的容量。P_k 表示居民点 k 的人口数量；G 为控制距离衰减效应的函数，其中 d_{kj} 指的是居民点 k 与蓝绿空间 j 之间的街道网络距离，而 d_0 则是预设的步行距离阈值。本研究假设在一定的步行距离 d_0 内，人们愿意步行前往蓝绿空间进行自然游憩活动。需要指出的是，本研究根据每个蓝绿空间的面积大小和美学质量评价，为不同的蓝绿空间定义了一组不同的距离阈值 d_0。d_0 的变化反映了蓝绿基础设施对居民的吸引力的差异，能够在建模中体现居民对蓝绿空间可达性的实际需求。2SFCA 计算可达性步骤如图 4-3 所示。

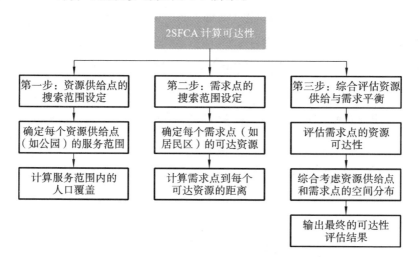

图 4-3　2SFCA 计算可达性步骤示意

（图片来源：作者自绘）

一个居民点的最终可达性数值是该居民点可达缓冲区范围内所有蓝绿空间在使用距离衰减函数计算后的容量比总和。这一计算考虑了每处蓝绿空间的面积，还考虑了其在城市网络中的位置以及对周边居民的景观美学质量吸引力。通过这种方法，我们能够全面评估每个居民点和人口统计单元对周边蓝绿空间的实际可达性，同时考虑到了城市蓝绿基础设施的分布不均和市民在自然游憩中可能存在的空间偏好问题。该综合性的评估方法有助于揭示城市蓝绿空间分布的公平性问题,识别潜在的问题区域和可优化区域,为提升景观规划的空间决策水平提供科学依据和数据支撑。

本研究在考虑城市蓝绿基础设施的空间位置和面积大小之外,特别通过模型的架构考虑了其质量因素。质量因素,即蓝绿空间的整体吸引力,主要包含两个变量——每处蓝绿空间的综合最大面积,以及景观美学质量。在自然游憩活动中,蓝绿空间的面积大小常被视为影响人们游憩行为的重要因素,并会影响人们的出行意愿。需要认识到,面积和自然游憩服务能力并不是简单的线性关系。一般而言,蓝绿空间的规模越大,其容纳人群的能力越强;同时大面积的蓝绿空间往往具有更广阔的生境核心区面积,自然度和静谧度更高,并有更丰富的动植物等景观资源,从而能吸引更多远距离的居民或游客。因此,这也意味着其可达性的距离阈值相对更高。

本研究对蓝绿空间的面积进行了分类,将 0.5 公顷以上的蓝绿空间区块划分为三个不同的类别(表 4-5)。该分类首先确认了游憩型蓝绿空间的下限,即 0.5 公顷。该筛选标准的目的是根据实际情况去除一些绿化带、树丛等无法支撑老年人自然游憩的蓝绿空间。在此之上,分类反映了研究区域内蓝绿空间的多样性,包括社区花园、城市公园和城市森林等。分类参数的确定参考了同类文献,并根据汉诺威市的实际情况进行了调整,以确保分析的全面性和准确性。在处理数据时,作者认可部分小型蓝绿空间单元,如小型草丛或私人花园等,它们都为城市美化和游憩做出了贡献,但它们相较于更大面积的蓝绿空间在提供公共自然游憩机会方面价值较低。因此,这些较小的蓝绿空间单元在研究中被赋予了较低的分析权重。

表 4-5　基于蓝绿空间规模和美学质量的蓝绿空间吸引力

蓝绿空间的 面积/公顷	景观美学质量等级		
	低	中	高
0.5~2	低	低	低
2~5	低	中	中
≥5	低	中	高

在分析具体蓝绿空间的距离阈值时,本研究采用了简单的序数尺度(ordinal scale),这基于一个基本假设:在其他条件相同的情况下,面积更大的蓝绿空间通常意味着更好的容量、服务能力,以及承载更多样的活动的可能性,从而可提供更广泛的游憩机会。当然,这并不意味着小型社区公园和口袋花园缺乏吸引力,它们在高密度的城区中给市民提供了宝贵的休憩空间。但是从市域尺度和规划层面来说,在相同的地理位置条件下,一个面积更大的蓝绿空间能够承载更多的自然游憩活动,从而拥有更高的容量和综合吸引力。通过这种方法,本研究旨在更准确地评估不同面积和美学质量的蓝绿空间对城市居民的吸引力,进而消除传统分析中过于关注数量而较少关注质量和综合效应的弊端。

在现有的蓝绿空间可达性评估中,景观美学质量往往没有受到足够重视。然而,众多研究已经表明,对于包括老年人在内的成年人群来说,景观美学质量是影响其自然游憩偏好的重要因素之一。本研究在原有的 LAQ 模型基础上进行了修改,使结果能更为准确地反映老年人的行为习惯。最后的产出结果可为整个研究区域生成结果栅格层。对景观美学质量的结果栅格层进行分区统计分析,就可以提取每处蓝绿空间的景观美学质量值。

具体而言,本研究使用 LAQ 模型分三步统计和分析蓝绿空间的景观美学价值:第一步,采用移动窗口法(moving-window method)对研究区域内任意一点进行相邻环境中的焦点统计,得到每一个点位在其领域环境内的景观美学平均值;第二步,采用相同的移动窗口法来评估景观特征的多样性,这里使用的方法是统计任意一点的相邻环境中不同地类的香农多样性指数;第三步,考量景观稀缺性,即判断某蓝绿空间斑块是否属于研究区域内最稀有的生境类型,该生境类型的面积占比应小于研究区总面积的 5%。所得的数值结果根据 Jenks 自然断点法进行分类,蓝绿空间的景观美学价值最终被分为低、中、高三个等级。

蓝绿空间的面积大小和景观美学质量这两个因素共同影响了其吸引力,进而影响了缓冲区的距离阈值 d_0。这种方式能够将蓝绿空间的吸引力以距离参数的形式纳入建模过程当中。需要指出的是,本研究采用了两组距离阈值对可达性进行了建模(表4-6)。这两种假设旨在分析当老年人处于不同的步行能力水平时,整个市域范围内的自然游憩公平性会如何变化。距离阈值的设定旨在反映老年群体日常的步行习惯。在建模中,具体的步行阈值参数参考了现有关于短途出行和老年人步行行为的研究,并根据汉诺威市的实际情况和空间尺度进行了适当调整,以确保评估结果能够真实反映老年群体在汉诺威市的自然游憩机会和蓝绿空间可达性。

表 4-6 蓝绿空间的距离阈值

距离阈值类型	蓝绿空间的美学质量		
	低	中	高
近距离假设的距离阈值	600 m	900 m	1200 m
远距离假设的距离阈值	900 m	1200 m	1500 m

本研究使用GIS中的热点分析(hotspot analysis)来检查可达性结果地图的高值群集(热点)和低值群集(冷点)。这个方法的原理是通过分析地理空间数据来确定某一特征(比如本研究中的可达性结果值)在空间上是否呈现出显著的聚集趋势,即相近的值在空间中是否趋向集中。这种分析会生成每个数据点的 z 值和 p 值,覆盖每一个居民点。其中 z 值表示观测到的可达性数值与整体平均值相比的偏离度;而 p 值则用来判别这种偏离度是否在统计学上有显著性。显著性水平被设定为 $p<0.05$。通过这种方法,我们可以有效地识别出城市中蓝绿空间可达性的空间分布模式,包括高可达的热点区域和低可达的冷点区域,以及这些点位的统计显著性。

本研究进一步评估蓝绿空间的可达性及公平性与年龄分布的关系,用于探查是否存在系统性的老年群体可达性偏低的问题。据此,本研究采用了基尼系数来探讨蓝绿基础设施分布及可达性的公平性问题。基尼系数在城市研究中被广泛用于衡量收入和资源分配的公平性。近年来,这个指标也被用于研究城市蓝绿空间的公平性问题。

本研究对汉诺威市13个行政区的蓝绿空间可达性进行了计算,获得了市域层面的基尼系数。计算过程中,每个行政区的平均可达性是通过辖区内各个居民点的可达性求平均值而得到的,并将人口作为权重。这一套计算基尼系数的方法被运用于两种邻近性假设得出的可达性数值。计算的结果可以与传统的"容器法"所得的结果进行比较。本研究使用的"两步移动搜索法"可以计算出各个居民点的蓝绿空间可达性,并且可以根据各个居民点所在的行政区计算总值。在居民点和统计单元这个详细的尺度,该方法提供了传统的"容器法"所不能提供的结果。如果在精细尺度使用"容器法",那么众多街区要么完全没有蓝绿空间,要么本身整个统计单元都可能是蓝绿基础设施。这种可能性会导致人均可达蓝绿空间的值呈现极端化分布,要么趋近 0(统计单元内完全无蓝绿空间),要么趋近正无穷(统计单元本身无人口点,而该单元为蓝绿空间)。所以使用"两步移动搜索法"考虑了人口流动以后,其距离参数和人口权重能够避免出现极端情况,从而提供更准确的可达性评估。

在计算出可达性结果后,研究进一步运用了双变量相关性分析来探查可达性和人口年龄结构的关系。这种方法能快速、直接地探查蓝绿空间可达性与特定人口学指标的关系。本研究主要关注人口结构,但相似的方法可用于分析经济收入、受教育状况、族裔等。所有的数据分析都在 ArcGIS 和 R 编程语言环境中完成,确保了分析的准确性和可复现性。

本研究的数据类型和来源如表 4-7 所示。

表 4-7　本研究的数据类型和来源

类型	数据格式	来源	备注
市域层面的人口统计	面板数据表	汉诺威市政府	汉诺威市政府数据库提供的街区单元层面的精细人口统计数据
汉诺威市的生物群落(自然栖息地)	空间数据(矢量)	汉诺威市政府下辖分管自然资源的机构(NLWKN, 2011)	详细分类的生态地类和生境数据,包括不同类型的林地、湿地、草地、森林和花园等

类型	数据格式	来源	备注
街道网络	空间数据(矢量)	OpenStreetMap 开源数据	汉诺威市行政边界内的所有可步行的街道,通过 OpenStreetMap 提供的 API 进行检索获取
区域和人口普查区划分边界	空间数据(矢量)	汉诺威市政府	汉诺威市的行政边界和街道尺度的人口统计单元数据。由汉诺威市政府提供

4.3　研　究　结　果

4.3.1　汉诺威市蓝绿空间分布规律

图 4-4 揭示了汉诺威市蓝绿空间的布局特征。其中,城市南部和东北部的大型公园和森林占据了较大的面积,形成明显的条带状分布特征。而城市内部,尤其是建成区内,蓝绿基础设施则以中小尺寸为主。它们的形式多样,包括小公园和街道两旁的绿带。从图 4-4 中可以看出,城市蓝绿基础设施的详细分类进一步印证了靠近湖泊或历史性景观的蓝绿空间的高吸引力,生境多样性和历史文化的痕迹成为蓝绿空间吸引力的决定性因素。相比之下,一些城市公园凭借较为齐全的辅助设施,吸引力排在中等。散布在街角的小型蓝绿空间则在功能和吸引力上有限,这意味着口袋公园并不一定具有较高的吸引力。

研究进一步对汉诺威市行政区划内的蓝绿基础设施进行了分区统计(表 4-8)。数据显示,汉诺威市各行政区的人均绿地面积差异较大,说明市域范围内整体蓝绿空间资源丰富但分布不均。因此需要专门的研究来评估老年人的蓝绿空间可达性,尤其是那些居住在蓝绿空间较少区域的老年人

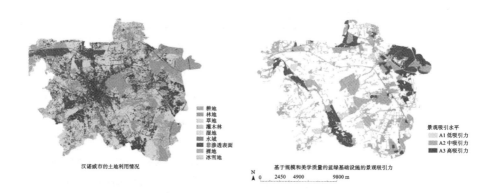

耕地
林地
草地
灌木林
湿地
水域
非渗透表面
裸地
冰雪地

汉诺威市的土地利用情况

景观吸引力水平
A1 低吸引力
A2 中吸引力
A3 高吸引力

基于规模和美学质量的蓝绿基础设施的景观吸引力

N
0   2450 4900   9800 m

图 4-4　汉诺威市的土地利用情况（左）和蓝绿空间的景观综合吸引力（右）

（图片来源：作者自绘）

的蓝绿空间可达性。如同前文所述，老年人对蓝绿空间的质量有特定的需求和偏好，因此仅靠人均面积的统计数据并不能充分揭示老年人的实际情况，特别是在实际生活中对蓝绿空间的使用情况。

表 4-8　汉诺威市蓝绿基础设施的人口统计和分布情况

行政区	人口数	老年人口数（65 岁以上）	区内老年人口占比/（%）	区内蓝绿空间面积/m²	人均蓝绿空间面积/m²
Mitte	37254	5283	14.18	5232184	140.45
Vahrenwald-List	70720	11717	16.57	601445	8.50
Bothfeld-Vahrenheide	49667	11114	22.38	14228187	286.47
Buchholz-Kleefeld	45241	10234	22.62	3892633	86.04
Misburg-Anderten	33545	7309	21.79	14935751	445.25
Kirchrode-Bemerode-Wülferode	32069	6847	21.35	9034488	281.72
Südstadt-Bult	43119	7233	16.77	2047439	47.48
Döhren-Wülfel	34512	7175	20.79	5879988	170.38
Ricklingen	46048	9930	21.56	4137651	89.86
Linden-Limmer	45725	5588	12.22	1570629	34.35

行政区	人口数	老年人口数 （65 岁以上）	区内老年 人口占比 /（%）	区内蓝绿 空间面积 /m²	人均蓝绿 空间面积 /m²
Ahlem-Badenstedt- Davenstedt	34467	7679	22.28	2426957	70.41
Herrenhausen-Stöcken	36859	7036	19.09	8044088	218.24
Nord	32435	4301	13.26	2149504	66.27
汉诺威市总计	541661	101446	18.73	74180944	136.95

注：人均蓝绿空间面积值通过"容器法"计算得出，即一个行政区的蓝绿空间总面积除以该地区的总人口。该统计表中的数据将作为基准值与本研究提出的建模法得出的结果进行比较。

图 4-4 中的土地利用分类基于 sentinel-2 卫星图像的高分辨率开放数据集，景观综合吸引力的评估方法基于本书上一章的景观美学质量模型，是从当地政府的生物群落数据集开发而来的。

4.3.2 汉诺威市各行政区的可达蓝绿空间的差异分析

研究得出两种邻近性假设下的蓝绿空间可达性统计结果（表 4-9）和蓝绿基础设施可达性分析结果（图 4-5、图 4-6），我们可以了解到汉诺威市所有人口普查区人均可达的蓝绿空间面积，它们反映了建立在两组距离参数上的两种建模假设，研究的结果表明了在城市不同区域中蓝绿基础设施可达性的差异。

表 4-9　两种邻近性假设下的蓝绿空间可达性统计（单位：m²）

行政区	远距离假设		近距离假设		两种假设的差异	
	平均数	中位数	平均数	中位数	平均数	中位数
Mitte	25.6	17.2	37.4	6.6	−11.8	10.6
Vahrenwald-List	33.5	3.1	32.7	1.3	0.8	1.8

行政区	远距离假设		近距离假设		两种假设的差异	
	平均数	中位数	平均数	中位数	平均数	中位数
Bothfeld-Vahrenheide	166.9	37.8	145.4	20.6	21.5	17.2
Buchholz-Kleefeld	128.2	35.2	93.4	20.3	34.8	14.9
Misburg-Anderten	371.1	82.6	209.9	62.8	161.2	19.8
Kirchrode-Bemerode-Wuelferode	223.8	101.8	191.6	44.1	32.2	57.7
Suedstadt-Bult	55.2	2.8	57.6	0.9	−2.4	1.9
Doehren-Wuelfel	179.6	69.6	177.4	22.3	2.2	47.3
Ricklingen	129.0	33.9	97.5	10.8	31.5	23.1
Linden-Limmer	35.5	22.3	28.3	15.2	7.2	7.1
Ahlem-Badenstedt-Davenstedt	79.4	46.0	76.6	25.5	2.8	20.5
Herrenhausen-Stoecken	255.1	72.8	228.9	20.6	26.2	52.2
Nord	65.6	19.8	65.6	11.1	0	8.7
汉诺威市总计	124.5	30.2	103.3	13.5	21.2	16.7

注:每个人口普查区的汇总统计数据由这些区的人口加权得来,从而可以反映详细的人口空间分布情况。

图 4-5 行政区层面的蓝绿基础设施可达性热点分析

(图片来源:作者自绘)

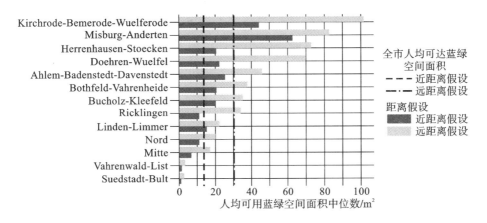

图 4-6　汉诺威市不同行政区的人均可达蓝绿基础设施的中位数

(图片来源:作者自绘)

图 4-5 中,从左到右的三张小图分别是三种可达性数值算法——"容器法"、近距离假设、远距离假设的热点分析结果(Getis-Ord Gi*,显著性水平设置为 $p<0.05$)。近距离假设和远距离假设的结果是通过将更精细的普查区层面结果按人口比例加权后合成得出的。

图 4-6 中,每个行政区的人均可达蓝绿空间中位数是基于该区详细的人口普查单元的可达性结果根据人口数据加权得到的,而虚线和点画线则表示了整个城市的人均可达蓝绿空间面积均值。柱状图的深浅差异代表了在不同邻近性假设下,城市中不同行政区的蓝绿基础设施可达性差异。

在分析汉诺威市不同行政区层面的蓝绿基础设施可达性时,使用中位数或者平均值来总结详细的人口普查区的可达性数值能显著影响研究结果。在远距离的邻近性假设下,汉诺威市的人均蓝绿空间平均值与传统的"容器法"所得结果较为相近。一方面,这说明了设定更大的距离阈值能够令人群的移动能力尽可能覆盖全市。另一方面,这说明了常用的"容器法"可能会高估可达性。在行政区层面,平均值和中位数的统计结果显示出不同的可达性特点。当研究者需要将详细的人口普查区层面的可达性数值运用于行政区层面时,中位数提供了一个更可靠的集中趋势测量指标,特别适合应对出现了较为偏态的数值分布的情况(极端值会显著拉扯整体分布的平均值)。热点分析则揭示了城市中心地区的冷点现象——可达性低值区较为集中。换而言之,使用不同的统计方法时,可达性的热点区各异,但具有统计显著性的冷点区均处于中心区域,揭示了较为稳定和可靠的结果。

相较于数值统计结果,地图结果更详细地展示了人口普查区在两种邻近性假设下的蓝绿空间可达性差异情况。结果表明,市中心的人口普查区在蓝绿空间可达性方面数值较低,揭示了这些区域缺乏充足的蓝绿基础设施——包括数量和质量两个层面。相比之下,在汉诺威市中部的环状区域(下文简称"中环"区域),各社区的可达性情况差异较大。具体表现为,"中环"区域一些社区在远距离假设下的人均可达蓝绿空间值显著高于近距离假设的结果。可能的解释是,大型公园等高吸引力蓝绿空间存在于这些区域,不同的距离假设恰好会影响我们判定周边居民是否能够进入这些高吸引力的蓝绿空间。因此,结合本研究对蓝绿基础设施的吸引力的分析,可以发现该区域的居民受距离阈值的影响较大。研究进一步比较了不同距离假设下产生的可达性结果聚类,发现人口普查区层面的冷点不仅包括中心区,也包括了"中环"区域的多个社区;而热点区域则扩展到了城市边缘,表明该区域的人均可达蓝绿空间的资源丰富。

图 4-7 和图 4-8 显示了在两种邻近性假设条件下,汉诺威市各人口普查区在蓝绿空间可达性方面的差异和相关热点分析。这些差异可分为远距离假设的可达性值较大、远距离假设的可达性值较小和差异不显著三大类。然而,通过热点分析进行检验后发现,这种差异在统计学意义上并不总是显著的,表明在考虑人的移动能力后蓝绿空间可达性的复杂情况。

具体来说,较大的正差异——即远距离假设的可达性值较大的区域——主要集中在城市边界附近。这些边界区域多数为自然环境或农田,人口稀少。远距离假设下,更多蓝绿空间被纳入计算单元的同时,人口数并没有相应增加,因此人均指标值较大幅度地增大了。另外,城市中心区域的一些蓝绿空间较少的人口普查区,其远距离假设下计算得出的可达性值更低。可能的解释是,2SFCA 考虑了供需间的关系,即蓝绿空间(供给)与居

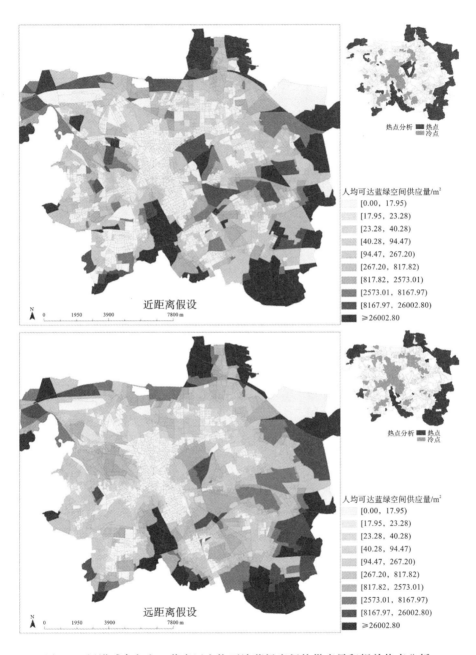

图 4-7　汉诺威市各人口普查区人均可达蓝绿空间的供应量和相关热点分析

（图片来源：作者自绘）

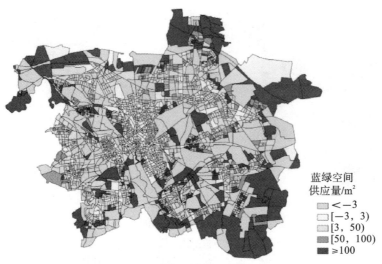

蓝绿空间
供应量/m²

- <-3
- [-3, 3)
- [3, 50)
- [50, 100)
- ≥100

两种邻近性假设下的可使用的蓝绿空间差异
（远距离假设减去近距离假设）

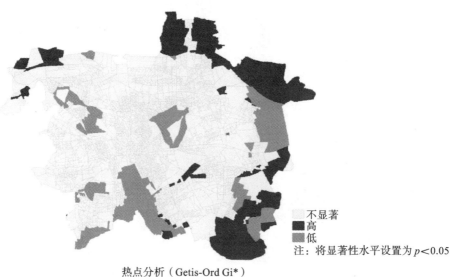

不显著
高
低

注：将显著性水平设置为 $p < 0.05$

热点分析（Getis-Ord Gi*）

N
0　2450　4900　　　9800 m

图 4-8　两种邻近性假设下的蓝绿空间可达性差异和相关热点分析

（图片来源：作者自绘）

民点(需求)之间的相除关系。对于缺乏蓝绿空间的城市中心区域,远距离假设一方面纳入了更多的居民,而另一方面新纳入的蓝绿空间仍然很少,这可能导致这些区域居民的蓝绿空间可达性降低。

在进行可达性的公平性分析时,本研究使用了基尼系数来对远距离假设和近距离假设所产生的可达性分布值进行评估。其中,近距离假设下可达性分布值所产生的基尼系数普遍低于远距离假设的情况。在增加步行距离的情况下,全市不同区域的可达性会呈现更公平的分布。因此,远距离假设意味着更加公平公正的蓝绿空间可达性分配。作为研究的基准值和比较对象,"容器法"测定的蓝绿空间可达性分布的基尼系数高达 0.448,反映出蓝绿空间的"空间分布不平衡"(spatially distributive inequality)。到这一步,本研究再次展示了"蓝绿空间分布"和"可达性分布"的差异,即在考虑目标人群移动能力的情况下,可达性的结果可能有较大的差异。而在不同年龄层次的比较中,蓝绿空间可达性与老年人口(65 岁及以上)比例呈现微弱的正相关性。与此相对应的是,18~30 岁的年轻人群与蓝绿空间可达性之间存在负相关(表 4-10、图 4-9)。对此,年轻人倾向于居住在大学周边,或者城市中心附近,这些区域的蓝绿空间分布较少,影响了可达性的数值。

表 4-10　两种邻近性假设下年龄百分比与蓝绿空间可达性的相关性

年龄组	详细人口普查区层面的年龄百分比与蓝绿空间可达性的相关系数	
	近距离假设	远距离假设
0~17 岁	0.102***	0.137**
18~30 岁	−0.244***	−0.290**
31~64 岁	−0.028	−0.029
65 岁及以上	0.097***	0.142**

注:* $p<0.05$,** $p<0.01$,*** $p<0.001$。

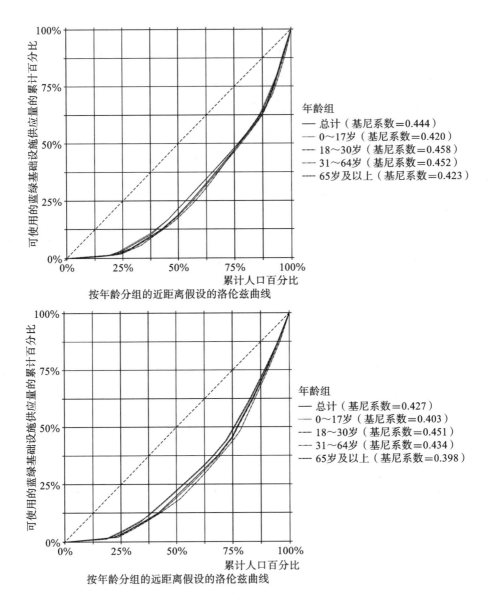

年龄组
— 总计（基尼系数=0.444）
⋯ 0～17岁（基尼系数=0.420）
— 18～30岁（基尼系数=0.458）
— 31～64岁（基尼系数=0.452）
— 65岁及以上（基尼系数=0.423）

按年龄分组的近距离假设的洛伦兹曲线

年龄组
— 总计（基尼系数=0.427）
⋯ 0～17岁（基尼系数=0.403）
— 18～30岁（基尼系数=0.451）
— 31～64岁（基尼系数=0.434）
— 65岁及以上（基尼系数=0.398）

按年龄分组的远距离假设的洛伦兹曲线

图 4-9　两种邻近性假设下的蓝绿空间可达性的洛伦兹曲线

（图片来源：作者自绘）

理解　评价　决策——景观规划应对城市人口老龄化

4.4 小　　结

　　本研究基于现实需求和现有技术的发展,针对老年人的蓝绿空间可达性测定问题,引入了一种改进的两步移动搜索法(2SFCA)。改进后的方法能更准确地反映城市蓝绿空间的复杂性,并且考虑详细的地类及植被分类、湖泊河流等蓝色基础设施,以及街道网络等多维度的因素。这种方法可在城市尺度下更准确地测量老年人的蓝绿空间可达性。本研究特别强调了老年群体的蓝绿空间可达性的公平性。本研究在方法论建构方面展现了三个创新点:模型建构和因素选择考虑了老年人对自然游憩的特殊需求;纳入了城市街道交通网络;评估了供需之间的多对多关系。这些特点有助于研究者和规划实践者从年龄公平性角度审视蓝绿空间的分布和可达性。

　　本研究引入了生态环境数据集,这给我们提供了较为详细的城市蓝绿基础设施分类方法。这套数据集的分类方式不仅包括了传统的城市公园,还涉及市域范围内的河流、湖泊、非正式蓝绿空间等多种类型的蓝绿空间。研究特别筛选出了适合自然游憩活动的蓝绿空间进行分析。这种分类方法的优势在于,它不只是关注单独的公园或花园,而是提供了对城市全域蓝绿空间的全面评估。这种全域研究的视角弥补了传统研究仅对纳入某种清单或名录的公园进行分析的局限性,从而使研究对象更接近老年人日常和非正式的自然游憩活动。该数据集包含了超过 100 个类别的 1200 个斑块单元,因此本研究能够进行城市蓝绿空间的进一步评价,从而精细地考虑蓝绿空间的异质性。这种细分在城市层面上对自然游憩供应的深入研究是较为难得的。另外,本研究还考虑了不同层级的热点和冷点分析,目的是通过统计检验的办法确认所得结果数值的准确性。在对分析结果进行归类梳理时,研究发现城市中心和城市"中环"区域的人口普查区普遍存在蓝绿空间可达性较低的情况,这在空间上对未来的景观规划提供了优先方向。本研究通过精细尺度的 GIS 空间分析,将可达性的测定细化到了人口普查区,可以把可达性的评价结果进一步与人口普查区的社会经济数据进行比对分析,从而提升蓝绿空间分析的有效性和促进环境正义。

相比较于城市规划中普遍使用的"容器法",本研究提出的考虑老年人步行能力的"两步移动搜索法"为理解城市中特定人群的蓝绿空间可达性提供了新的视角。基于实际街道网络的两步移动搜索法能够更系统地捕捉市域范围内数千个供给和需求点位之间的复杂互动关系。具体来说,这套框架不仅考虑了蓝绿空间的数量和质量,还能结合街道层面的详细交通情况探讨需求端的空间特征。需要指出的是,在多数情况下,本研究所使用的方法计算得出的人均可达蓝绿空间面积低于"容器法"的计算结果。这符合研究的预期和假设,因为老年群体对于环境的偏好相较于其他年龄群体更严格。他们的活动能力受限,因而更依赖离家较近的蓝绿空间,并偏好较为完善的基础设施。汉诺威市尽管已被称为德国的"绿色城市",但许多高品质的蓝绿空间离居民区较远,实际的可达性受限,因此在市域层面仍然存在老年人自然游憩机会不均的挑战。景观规划需要进一步优化自然游憩资源的配置,提升环境公正。

在分析老年人的移动能力时,本研究探讨了不同距离阈值对研究区域内蓝绿空间可达性及平等性的影响,并进一步评估了不同年龄群体在可达性上的差异。研究设置的两种邻近性假设能为我们提供数据支撑。相关性分析的结果表明,在人口普查区层面,老年人口的占比与该普查区的蓝绿空间可达性并无显著的负相关关系。基尼系数的结果进一步证实,老年群体的蓝绿空间可达性较为均等,并没有证据表明老年群体在游憩机会方面处于明显劣势。此外,研究设置的两种邻近性假设表明,虽然增加距离阈值(即鼓励老年人行走更多距离)能够明显提升可达性和改善公平性,但这种效应对不同人口普查区的影响并不一致。通过改善街道环境等手段,景观设计师能够帮助提升老年人的步行意愿,一定程度上能够增加他们获得高质量自然游憩的机会。同时也需要进一步分析,到底哪些人口普查区的蓝绿空间可达性受距离阈值的影响更大,这些区域往往是提升可达性效果最为显著的区域,值得倾斜资源提升交通环境。因为如果能改善这些区域的步行环境,提升老年人的移动能力,就能较大幅度地提升他们进行自然游憩的机会,从而在市域层面提升人均可达蓝绿空间的面积。

本研究的分析结果印证了一些已发表的同类研究的结论,特别是那些关注城市蓝绿空间可达性和公平性的研究。例如,一项2017年的研究测量了德国53个主要城市的绿地可达性和基尼系数。该研究运用了居民网格点500米的缓冲区作为统计单位,测算出德国汉诺威市的平均可达绿地面积是22平方米,中位数是8.4平方米,并且基尼系数约为0.5。与这个相比较,本研究采用的近距离假设测算的可达蓝绿空间中位数为13.5平方米,展现了可比较的结果。然而,本研究不同距离假设下测算得出的基尼系数均低于该研究的结果。可能的解释是本研究使用不同的距离阈值和详细的街道网络数据,并且考虑了蓝绿空间的吸引力。因此,测算出的蓝绿空间可达性结果与仅考虑绿地面积得到的结果不同。另外,本研究没有发现明显的证据来说明汉诺威市的老年群体在蓝绿空间可达性方面处于不利地位。然而,现有研究在不同城市和背景下对于弱势群体的环境公正研究差异较大。这表明,不能简单地认为社会经济条件上处于弱势的群体在蓝绿空间可达性方面就同样处于弱势。应更细致地考察研究区域的景观结构、交通状况、职住分布等要素,以便更全面地评估不同社会群体获取自然游憩的机会和挑战。

通过本研究的空间建模和可达性分析,我们能够识别出汉诺威市域范围内一些可以进一步优化蓝绿空间格局的关键区域。在人口稠密、居住区集中的市中心地区,尽管增设大型蓝绿空间的空间受限,但规划师和设计师仍有机会通过改进现有小型蓝绿空间和加强现有蓝绿空间之间的联系来提升景观品质。例如,汉诺威市的"红线"步行道(Red Thread)就是一个老城区(主要为市中心区域)连接城市各著名景点和观光目的地的成功案例(图4-10)。这种安全、舒适且具特色的步行道路可以和城市重要的蓝绿网络结合,将文化要素和商业要素纳入适合老年人活动的区域。这种方法可以提高服务设施与蓝绿空间的连接程度。此外,针对那些居民区与蓝绿空间之间的交通不太便利的区域,可以改善交通设施和关键道路交叉口的设计,以方便老年居民安全、便捷地前往周边蓝绿空间。通过这些综合性的策略,规划师和实践者可以完善市区内的自然游憩网络,扩大自然游憩服务范围,进一步解决城市内蓝绿空间分布不均的问题,促进环境公正(图4-11)。

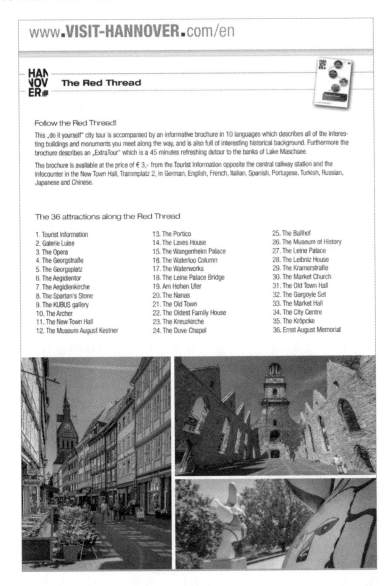

图4-10 汉诺威增强市中心游憩景点连通性的"红线"步行道

(图片来源:www. visit-hannover. com)

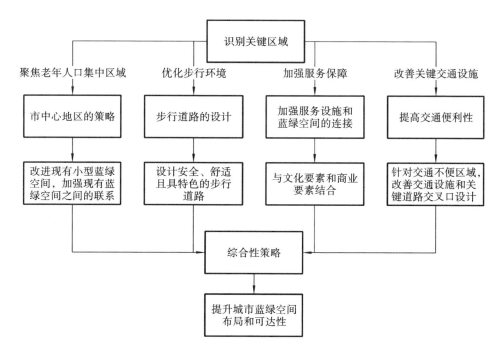

图 4-11　提升城市蓝绿空间布局和可达性的建议

（图片来源：作者自绘）

5 我国景观规划应对人口老龄化实践

5.1 我国城市人口老龄化的背景

5.1.1 老龄化趋势及其社会影响

城市和农村地区的"人口老龄化"是全球各国社会发展的必然趋势。欧洲发达国家从 19 世纪末开始逐步进入老龄化社会,目前老龄化程度较高,但增长速度已经趋于平缓。经过较长时间的探索,欧洲发达国家的医疗保障和老龄再就业政策体系较为完善,具有一定的参考价值。欧洲发达国家持续引入的外来劳动力弥补了社会劳动力的不足,也在一定程度上参与构建了社会内部的平衡机制。

然而,作为世界上老年人口最多的发展中国家,我国的人口老龄化趋势更具挑战性。2000 年左右,我国正式进入老龄化社会以来,我国人口老龄化的过程呈现出静态水平高、动态增长速度快、人口数量规模大的特征。据统计预测,到 2025 年我国 60 岁及以上人口将达到 3 亿;到 2050 年,我国人口老龄化率将超过 35%,超过世界平均水平。同时,我国面临人口老龄化进程与国家整体经济发展不匹配的风险,存在"未富先老""未备先老"的问题。空间分布上也呈现出不均衡现象,农村地区人口老龄化程度高于城市地区,东部地区人口老龄化程度高于中西部地区,需要通过规划进行协调、改善和解决。

面对我国的人口老龄化趋势,积极应对人口老龄化带来的挑战成为重要的国家战略之一。社会需要体现对老年群体的关怀,并确保城市的可持续发展与社会和谐。老龄化作为一个综合性的社会现象,在人口结构、劳动供给、基础服务设施保障等方面会对国家和地区产生影响。在经济层面,老年人口比例的上升可能会导致劳动力短缺、增加多个行业经济运营成本、调整消费需求结构。然而,老年人口的迅速增长也促进了医疗保健、养老服务等产业的发展。但尤其具有挑战性的是,社会养老保障的财政负担加重。

在社会和文化层面,老年人口的增加也对提升老年人的文化生活质量和福祉提出了更高的要求,内容包括提升老年人的生活质量,关注老年人的权益保护、医疗保障、宜居环境建设等,涉及社会福利体系的改革和适老化基础设施的建设。例如,江苏南通市面对人口老龄化挑战,探索"链式养老"模式,为养老服务高质量发展提供了参考。

5.1.2 在城市环境建设中积极应对人口老龄化的意义

城市环境对老年人的日常生活至关重要。尤其在高密度的城市区域中,老年友好的环境建设能够保障老年人的身心健康和生活质量。这包括合理配置交通、建筑、公共空间、基础设施等资源,也包括对城市中自然环境如蓝绿空间等场所的有效规划设计。为了应对人口老龄化,城市规划应考虑到环境的健康风险和安全隐患,但也应该利用城市基础设施集中的优势,以较低的成本服务于更广泛的老年群体,促进其积极地参与社会生活。

用地类型和资源要素的配置对老年人的生活方式、医疗保障和社会活动参与有较大影响,因为医院、药店、交通设施、老年活动场所、蓝绿空间等公共服务资源将直接关系到老年人生活的舒适性、便捷性和安全性。此外,越来越多的研究显示,城市环境中不同用地类型和要素的组合不仅会影响城市公共空间的质量,也会进一步影响公共健康。

自然环境的布局与质量和老年人的身心健康等紧密相连。物质环境的特征和形式会影响老年人的身体状态和心理健康,而舒适的自然环境往往在其中起到很大的促进作用,例如:有研究证明了较高绿地覆盖率片区内的老年人因循环系统和中风而死亡的概率更小;也有研究表明规定距离范围内的绿地容积量与老年人心血管疾病有密切关系。

在城市环境中,合理地进行用地规划,尤其是合理规划文娱活动和自然游憩的空间,对提高老年人的生活品质和社会参与度、促进其身心健康极为重要。本书通过多个角度例证了蓝绿空间的重要作用。例如公园和水体,不仅为老年人提供了休闲和锻炼的场所,还有助于促进老年人的心理健康,以及提供同代和跨代的社交机会。然而,现有关于老年人生活环境的调查指出,许多城市的公共活动空间缺乏为老年人考虑。这些公共空间辨识度不足、功能单一、缺乏美感,无障碍设施亦有不足。这些问题的产生一方面是由于经济和土地等社会资源的不足,另一方面也反映了相关理念及规划设计意识的缺失。因此,在城市规划中重视各类环境和资源要素的多重效用,有助于我们深入理解老年人的实际需求,从而创造更好的城市生活环境。

5.1.3 老年人对城市蓝绿空间的需求

城市蓝绿空间是人们感受幸福美好和拥抱自然的重要窗口,也是老年人休闲娱乐的主要载体。越来越多的研究和实践开始聚焦如何创建和创建怎样的适老化的城市蓝绿空间。2021年我国出台的《关于加强新时代老龄工作的意见》提出应提升广大老年人的获得感、幸福感、安全感。武汉、上海等多地都在社区中创建了"一站式"服务场所,北京昌平新区的燕园康养之家依据老年人的身心水平创建了康养、运动、休闲、怡乐生产等多模块的景观空间,满足老年人对公共服务和环境空间的需求。

当下,关于适老化蓝绿空间的探索主要集中在三个方面:不同养老模式下老年人对户外空间和场地的需求、不同年龄段和行为能力的老年人的空间需求,以及针对老年人特殊需求特征的空间设计。这三个方面相互补充。

具体而言,老年人的年龄和行为能力的变化,以及他们选择的养老模式(如居家、社区或机构养老)会直接影响其出行方式和社交活动类型,进而对活动场所产生不同的需求。例如,居住在养老机构的老年人通常会在陪护下进行群体户外活动。因此,他们倾向于使用养老机构内部或附近的公共景观,并期待这些景观有疗愈功能或者与户外医疗护理相结合。而出行能力受限的老年人则需要安全、可达、配套设施完善的公共空间及蓝绿空间。这些空间最好配备完善的无障碍设施和足够多的休息设施。高龄老年人或有特殊健康状况的群体对蓝绿空间的要求则更差异化和细致化,这也对蓝绿空间的规划设计提出了更高的要求。

　　基于此,本研究从马斯洛需求层次理论出发,结合老年群体特殊的生理、行为、心理特征,总结老年人所需要的蓝绿空间应具备的基本特征(图5-1)。在生理需求方面,适老化蓝绿空间应能保证老年人出行的安全和便利。老年人的感觉系统、运动系统和反应能力都不如从前,所以适老化蓝绿空间应考虑老年人的特殊需求。在安全需求方面,适老化的蓝绿空间不仅应保障老年人生理方面的安全舒适,还应满足老年人精神层面的安全感,这包括情感需求、价值需求和自我需求,对于老年人而言,这三项需求可以归纳为社交群体的融入、社会尊重和家庭陪伴。老年人作为城市蓝绿空间最频繁的使用者,他们的活动范围和时间都较为规律,且活动空间与出行方式和时间紧密关联,可分为基本生活圈、扩大邻里活动圈、扩大活动圈和市域活动圈。因此,确保老年人便于到达的范围内有足量足质的蓝绿空间是重

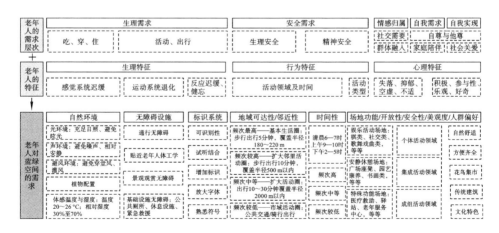

图 5-1　适老化蓝绿空间特征

(图片来源:作者自绘)

中之重。同时，进入老年阶段后，有的老年人对未来的生活较为积极，而有的老年人可能会出现孤独、失落感，在蓝绿空间规划设计时应充分考虑不同景观特征、功能的场地带给人的心理作用，并兼顾场地的安全、美观和老年人的偏好。

5.2　我国针对人口老龄化的城市规划

5.2.1　现有规划实例概述

在如何将城市变得对老年人更加友好的研究中，我国不少地区和学者引入或提出了"老年友好城市""老年友好社区""高龄友善城市""活跃老化""康养城市指标体系"等概念，同时上海、浙江等较为发达的地区以此为概念作出了相应的规划策略和片区适老化程度指数的评估。上述概念在主旨上都强调在城市中建立一种健康的、友好的、高质量的老年人生活环境，但在规划重点和地域特色上略有不同。WHO最早于2007年提出了"老年友好城市"概念，美国、英国等国家也相应地提出了本土化的规划理念，如"宜居社区""健康社区""众生居所""终生社区"。在我国，上海最早根据WHO的"老年友好城市"概念对城市进行适老化更新，并对片区进行适老化程度的指数评估，通过实际采访调研，发现存在基础设施便利度和安全性需要提升、社会活动参与性低等问题。随着多学科研究的共同推动，2021年北京清华同衡规划设计研究院提出了更中国化的老年友好城市指标，将更多的关注点集中到了自然环境和可获得的蓝绿空间上，同时细化了衡量公共交通的便利程度的指标，并特别关注了残疾、失能、高龄等老年人群体。

总结我国建设老年友好城市和老年友好社区的规划实例（表5-1、表5-2）可以发现，现有的成果展现了从大尺度规划策略向小尺度实践设计不断细化的特征。在城市尺度下的老年友好城市建设，规划更多关注居住养老模式、交通的适老化便利程度、医疗服务与社会保障、城市空间与资源配置的空间与效率等方面。但由于适老化城市建设在某种程度上与城市更新较为相似,可以实际施展规划策略的场所多为存量用地或出现问题的已建设用地,所以在较大市域内实现大量资源的新增或重新布局往往力不从心,因而这些规划策略目前多用于社区、居住区等较小尺度的更新设计。2020 年,全国老龄工作委员会办公室(简称全国老龄办)提出,到 2025 年,在全国建成 5000 个示范性城乡老年友好型社区。由点至面推广,通过社区带动城市,实现老年友好城市的高水平建设。值得肯定的是,我国在老旧社区内部公共空间的适老化更新、居住区内部的设施及外部的公共基础设施的无障碍设计规范、景观小品的亲老化情感共鸣设计,以及社区内的服务保障和文化养老等方面都已展开了比较系统的研究,且具有借鉴意义;但不该忽略的是此类研究的对象多为老龄化特征已较为突出的区域。在老龄化程度不可逆的背景下,未来的研究应更关注市域范围内哪些片区会是未来老年人聚集的场所,以及全域的适老化蓝绿空间和公共空间的公平性和可达性等问题。

表 5-1 我国建设老年友好城市的规划实例

规划概念	地区	当地老龄化概况	规划提出的时间	具体做法
《全球老年友好城市建设指南》引导下的老年友好城市	上海市	2007 年末,上海市 60 岁及以上老年人口达到 286.83 万人,占全市总人口比例为 20.8%	2007 年	依据 WHO 提出的具体要求,从物质环境方面的户外空间和建筑、交通、住房,社会环境方面的社会参与、尊重和社会包容、公民参与和就业,服务环境方面的交流和信息、社区支持和健康服务 8 个领域,指导城市社区建设

规划概念	地区	当地老龄化概况	规划提出的时间	具体做法
《上海市老年友好城市建设导则（试行）》引导下的老年友好城市	上海市	2020 年末，上海进入中等老龄化社会，60 岁及以上老年人口占全市总人口比例高达 25%	2013 年	依据上海本地长期的老年友好城市建设经验，更加明确和细化了对户外环境和设施、公共交通和出行、住房建设和安全、社会保障和援助、社会服务和健康、文化教育和体育、社会参与和奉献、社会尊重和优待这 8 个部分的详细要求
高龄友善城市	台湾地区	2010 年末，台湾 15～64 岁的青壮年人口占总人口比例为 73.61%，65 岁及以上老年人口占总人口比例为 10.74%	2010 年	以 WHO 提出的 8 个领域为基础，结合"在地老化""健康老化""活跃高龄""银发经济"等概念，强调在地文化；在执行时，设置了多层级的考核评估机构，并由市民进行决策

规划概念	地区	当地老龄化概况	规划提出的时间	具体做法
"浙里康养"老年友好城市	浙江省多地,包括温州、舟山、绍兴等	截至2022年,温州市60岁及以上老年人口为160.94万人,占该市总人口的19.3%;舟山市老年人口为30.71万人,老龄化率高达32.25%;绍兴市老年人口为127.13万人,老龄化率为28.51%	2022年	例如,温州市以"友好养老服务、友好健康支持、友好社会保障、友好空间环境、友好社会参与"五大友好体系为抓手,依托老年友好街道、老年友好社区建设,促进建成富裕富足、普及普惠、尊老孝老、乐活乐享的老年友好城市

表 5-2　我国建设老年友好社区的规划实例

社区	概况	具体做法
天津兴南街道五马路社区	社区面积约 0.39 平方公里,有 4 个居民区;被评选为"2022 年全国示范性老年友好型社区"	天津市明确了老年友好社区建设的七个方面:管理保障到位有力、社区服务便利可及、居住环境安全整洁、出行设施完善便捷、社会参与广泛充分、孝亲敬老氛围浓厚、科技助老智慧创新;该社区提供社区食堂,完善社区内交通与社区的安全性,关注居民住宅内部楼梯、住家厕所的适老化改造

社区	概况	具体做法
辽宁盘锦兴隆街道锦祥社区	面积约 1.92 平方公里,有 60 岁以上老年人 1499 人,占常住人口总数的 38%;被评选为"2023 年全国示范性老年友好型社区"	排查社区内的交通隐患,完善照明和步行系统,以保证安全性;建设社区大食堂,提供助浴助医、保健理疗等居家养老服务;组织丰富的文娱活动,同时为行动不便的老人提供个性化服务
上海虹梅街道古一居民区	街道面积约 3.33 平方公里,其中居民区老龄人口占比 43%;被评选为"2023 年全国示范性老年友好型社区"	设施方面,居住区内部加装照明系统、休憩设施;绿化方面,见缝插绿,增补绿化带,且定期更新社区微花园;交通方面,实现人车分流,平整步行道路;居住区方面,加装电梯,积极推进实现"可装、愿装、尽装";社区服务及文化方面,建设"古美生活盒子",配备餐饮、医疗服务、文化课程等多样化的贴心服务

5.2.2 现有研究方法和分析框架

现有的老年友好城市的研究和实践已经发展并形成一套较为系统和完整的老年友好城市建设策略体系和适老化城市指数评估方法。面对经济、文化条件的差异,各地在运用归纳总结法的基础上,结合自身特色,对老年友好城市的建设策略和指标(表 5-3)进行了个性化演绎。

表5-3 老年友好城市衡量因素与指标

标准	《全球老年友好城市建设指南》			老年友好城市建设核心指标指南			我国老年友好城市评估指标体系		
来源	WHO			WHO			北京清华同衡规划设计研究院		
提出时间	2007年			2015年			2021年		
目标层	物质环境	社会环境	服务环境	物质环境	社会环境	服务环境	空间友好	制度友好	参与友好
准则层	A.户外环境；B.交通；C.住房	A.社会参与；B.尊重和社会包容；C.公众参与和就业	A.交流和信息；B.社区支持和卫生服务	A.户外环境；B.交通；C.住房	A.社会参与；B.尊重和社会包容；C.公众参与和就业	A.交流和信息；B.社区支持和卫生服务	A.室外空间；B.公共交通；C.住房建设	A.健康服务；B.社会保障；C.尊重优待	A.社会参与；B.老年就业
考虑的因素/指标层	舒适干净的环境；绿色空间的重要性；休憩空间，可达性、易接近程度；安全的环境；对老年人友好的建筑；	组织活动的覆盖范围；参与组织活动的交通便利性；活动的成本；活动的设施；	活动的宣传和认知；社区活动的帮助	居住区步行方便程度；无障碍的公共场所和建筑物；公交车辆无障碍；公交车站无障碍可达性；	对待老年人的社会态度；参与志愿活动；有偿就业；参与当地决策与社会兼职；	信息的可得性；社会服务的可得性；经济保障；社会福利与社会质量	a1.公共空间无障碍设施覆盖率；a2.公园蓝绿空间服务半径覆盖率；a3.空气质量优良天数比例；	a1.每千名户籍老人养老机构床位数；a2.养老机构护理型床位占比；a3.社区日间照料机构覆盖率；a4.街道综合养老服务机构覆盖率；a5.二级以上综合医院设老年病科占比；a6.居家老人家庭医生签约服务人群覆盖率；a7.65岁以上老年人健康管理率；	a1.老年志愿者注册人数占老年人口总数的比例；a2.社区基层老年协会覆盖率；a3.经常性参与教育活动的老年人口占比；a4.建立老年人基层体育组织的街道占比；

目标层 指标层	物质环境	社会环境	服务环境	物质环境	社会环境	服务环境	空间友好	制度友好	参与友好
考虑老龄化的因素 指标	足够的公共厕所；老年人优先的商业服务 适老化的人行道、安全横道及行为；适合老年人的交通（费用、车辆、服务）	融入代际、文化和社区；尊重行为		住房可负担程度			b1. 公共交通设施无障碍设施覆盖率；b2. 公共交通出行分担率；b3. 城市绿道密度；c1. 居住区无障碍设施覆盖率；c2. 老旧楼房适老化改造率；c3. 开发残疾、失能、高龄老人家庭适老化改造的街道和乡镇比例	b1. 是否建立经济困难的高龄、失能等老年人补贴制度；b2. 符合条件的老年人纳入最低生活保障、特困人员救助供养等社会救助制度保障范围占比；b3. 城镇基础养老金占人均可支配收入比例；b4. 联网定点医疗机构占比；c1. 老年友善医疗、金融服务等；c2. 在就医、出行、金融服务等方面，实现"信息无障碍"的程度；c3. 是否出台相关政策，促进老地老人享受同等优待；c4. 是否组织开展代际活动	a5. 老年人对自身效能感的满意度；b1. 是否出台相关政策，优化老年就业环境

而评估指标,不仅是适老化程度的测度方向,也是规划策略完善和提升的小的执行目标。现有的老年友好城市指标多运用 AHP 层次分析法来构建评价指标体系,在指标的获取上综合运用了抽样调查、问卷访谈、实地调查等多样化的方法。具体分析这些指标体系可以看出,现有的研究大多借鉴了 WHO 的老年友好城市概念,从物质环境、社会环境、服务环境三个方面入手。其中物质环境层面,有的采用核心问题访谈并加权统计分数的方法;也有的采用定性分析指标并分级的方法。社会环境层面与服务环境层面多采用问卷访谈法。2021 年,北京清华同衡规划设计研究院提出的适老化城市衡量指标中融入更多定量分析的指标,数据的分析方法与以往的主观访谈或定性分析方法较为不同,此类研究方法和指标框架能更准确、可比地分析基础设施、蓝绿空间、社区适老化改造的便利程度和社会服务、社会参与的普及程度。但仍需注意的是,这项指标虽然关注了基础设施服务与开放空间的分布问题,却忽略了应同时考虑其质量与安全问题,若将质量和安全问题与空间指数结合分析,或许此项指标的分析结果和相应的后续规划策略会更具价值。

相比市域领域的适老化建设,老年友好社区建设在我国的推广和实践更为广泛,我国国家卫生健康委员会(简称卫健委)也明确了全国示范性老年友好型社区的评分细则,大致可分为居住环境安全整洁、出行设施完善便捷、社区服务便利可及、社会参与广泛充分、孝亲敬老氛围浓厚、科技助老智慧创新、管理保障到位有力和特色亮点八个方面(表 5-4)。从这些指标可以看出,在社区尺度,老龄友好化的建设更加注重基础安全、社区服务和老年人精神文化活动等方面,且在这些方面的衡量指标更为细化和充分具体。但是在居住环境方面,现有指标忽略了蓝绿空间和老年人开展社交活动的公共空间的建设情况,这或许与社区内部用地紧凑、绿色空间较少或社区范围内未配置小型社区公园有关,可以考虑通过"见缝插绿"等手段对社区内的裸地或不合理用地进行绿地建设或公共活动空间建设,同时可以通过增加人均可享受的蓝绿空间面积或人均可使用的活动场地、器械数量等指标来评估老年友好社区的环境友好度。

表5-4 全国示范性老年友好型社区的指标与评分细则（城镇社区）

一、居住环境安全整洁（15分）	二、出行设施完善便捷（18分）	三、社区服务便利可及（29分）	四、社会参与广泛充分（11分）	五、孝善氛围浓厚（10分）	六、科技助老智慧创新（8分）	七、管理保障到位有力（9分）	八、特色亮点（5分）（加分项）
1. 排除安全隐患； 2. 社区防火和紧急救援网络； 3. 老年人住房实施适老化改造； 4. 社区生态环境建设； 5. 生活垃圾日产日清	6. 住宅无障碍建设； 7. 住宅电梯设置； 8. 社区设置休息座椅； 9. 社区主要交通道路人车分流； 10. 社区步行道路路面平整、无障碍； 11. 设置道路照明设施； 12. 社区道路满足救护车辆通达要求； 13. 设置公共厕所	14. 老年人家庭医生签约服务； 15. 上门医疗服务； 16. 康复护理安宁疗护服务； 17. 老年人健康教育服务； 18. 社区养老服务机构或设施； 19. 养老服务设施配备老年用品； 20. 失能老年人照料服务； 21. 探访特殊困难老年人； 22. 老年人助餐服务； 23. 老年人社会心理服务； 24. 老年人宣传教育； 25. 老年人公共法律服务； 26. 社区志愿服务	27. 老年人参加居民代表会议； 28. 老年人参与公益事业； 29. 老年人组织和文会组织和文体团队； 30. 老年人活动场所	31. 敬老助老爱老典型宣传； 32. 家庭养老照护者培训； 33. 开展代际互动活动； 34. 开展邻里互助活动	35. "互联网+养老"服务； 36. 帮助老年人使用智能产品和智能技术； 37. 保留传统服务方式	38. 老龄工作人员； 39. 创建工作经费支持； 40. 组织实施创建工作	围绕居住环境、出行设施、社区服务、社会参与、孝敬老、科技助老、管理保障及相关重点领域，在制度、运行机制、管理、策略、措施、方法、技术等方面有突破、创新，提升服务质量与效果，扩大受益老年人的覆盖面，切实增强老年人的获得感、幸福感和安全感

5.3 市域尺度下老年友好景观环境的建设实践

在老年友好城市的研究和建设发展中,可供老年人使用的舒适的景观环境和蓝绿空间始终是重点之一,而现有的老年友好景观环境多实践于老年友好社区内的绿色空间、社区公园和老年人聚居片区的城市公园、游园等场地。此类场地在规划设计时需要充分考虑老年人的需求和偏好,符合安全性、舒适性、可达性、社交性等方面的基础要求,同时随着社会的不断发展,还要满足文化性、亲生物性、可持续性等方面的提升要求。在实践案例中,大多老年友好社区都提出了增植补绿的措施,但对如何让蓝绿空间更加适老亲老、如何让蓝绿空间与活动场地更好结合的探究较少。在此类问题上处理较好的老年友好社区有成都锦瑭养老社区、晋江陈村社区适老化公园,等等。而适老化的公园景观是今后公园新建和更新的一个重要方向,在走向全域老年化的背景下,这不单单是为老年人提供一个开展社交活动、促进身心健康的场所,还是适应老龄化趋势、体现社会福祉的重要做法。北京万寿公园等许多场地,通过精心规划和设计,成为老年人亲近自然、放松身心的好去处。

5.3.1 成都锦瑭养老社区

锦瑭养老社区是一处位于成都的全龄化养老社区。项目在规划时,考虑到不同行为能力的老年人的需求,分别设置了独立、互助、护理的养老空间(图5-2),以实现全生命周期的养老景观设计。社区同时结合老年人的身心特征、需求偏好,创造了康养、娱乐、活动的参与性场地;还提取了川渝人独特的日常记忆,创造了功能与文化兼备的品茶、听戏、逗鸟的情感归属场地。

图 5-2　锦瑭养老社区护理养老空间

（图片来源：http://www.archdaily.cn）

5.3.2　晋江陈村社区适老化公园

位于福建泉州晋江的陈村社区适老化公园，是一处依托老年友好社区建设提升服务水平的社区公园。它配备了适合不同行为能力老人存放物品、休憩、健身的场地（图 5-3）。在服务方面，社区将原先的临街店铺改造成"党建＋"邻里中心，并配置了"养护康"服务站。在文化参与方面，公园在道路上放置城市记忆金属铭牌（图 5-4），记录城市发展的关键瞬间，以激发使用者的情感共鸣，并与"党建＋"形成室内室外文化交流的"双核"，构建具有区域文化吸附能力的"社区适老综合体"。

5.3.3　北京万寿公园

位于北京西城区的万寿公园，是周边老年人的日常活动聚集地（图5-5），也是第一座老年主题公园，其在更新设计时充分考虑到了基础休憩设施、卫生间、活动空间场所的安全性、舒适性、功能性和人文性（图 5-6）。例

图 5-3 古树与休憩设施相结合的场地

（图片来源：http://www.xinhuanet.com）

图 5-4 城市记忆金属铭牌

（图片来源：http://www.xinhuanet.com）

如，增添第三卫生间以供无法自行使用卫生间的老人在别人的陪护下使用；更新植物配置以使不同身高的老年人都能亲手触摸和感受植物；公园服务中心和驿站提供免费的热水和可供借用的轮椅、拐杖。通过种种举措，促进老年人在公园中乐享生活，质享人生。

图 5-5　老年人在公园中的活动场景

（图片来源：https://yllhj.beijing.gov.cn）

图 5-6　公园中的历史文化场所

（图片来源：https://yllhj.beijing.gov.cn）

　　随着社会对适老化景观的不断接受和探索，城市中适合老年人使用的公共空间会进一步得到改善，也会更加体现对老年人的关怀和尊重。随之产生的新研究热点是如何评估老年友好景观环境的适老化水平。针对这个问题，许多研究采用了问卷访谈法，通过分析老年人口述的情况或记录人群使用频次来分析现有空间的适老化程度；有些研究通过实测法或实验法，评估老年人的环境适宜性，例如使用轮椅模拟老年人出行，或模拟视觉受限者的行动等。然而，这些方法均存在一定的局限性，例如口述或自我记录的情况可能存在主观性偏差，或者在信息转述时存在错误表达或误解，而实验法也无法涵盖个体差异较大的老年群体的体验，从而无法真实反映景观环境的适老化程度。

因此，建立一套系统的指标体系是评估景观环境适老化水平的重要任务。一些学者在研究中明确了衡量景观适老化水平的若干准则：安全可靠、便捷可达、社会归属、美观舒适、维护和支持服务良好等，并细化了其指标。具体来说，安全可靠包括路面平整、护栏完好、照明充足等指标；便捷可达包括交通便利、设施完善等指标；社会归属包括社区活动丰富、文化氛围良好等指标；美观舒适包括植被丰富、环境清洁、风景优美等指标；维护和支持服务良好包括提供定期维护、配备完善的支持服务等指标。通过建立具有客观标准的指标体系，可以评价和比较不同的空间场所，并指导景观环境的设计和改进。

5.4　探索未来：研究与策略的前瞻

5.4.1　面向人口老龄化的城市规划热点问题

在人口老龄化趋势加剧的背景下，人们对于老龄化问题的认识和重视程度也在不断提升，近年来在广度和深度上均取得突破。当前，我国关于应对人口老龄化的研究涉及多个学科和领域（图 5-7），其中主要集中在政治、经济、医疗等方面。这反映出，我国目前在政治、人口、经济、社会等宏观保障方面对人口老龄化问题的重视，并积极评估社会面临的相关挑战和探索相应的对策。

虽然在所有学科发表的相关文章中，建筑工程及规划类的比例并不高，

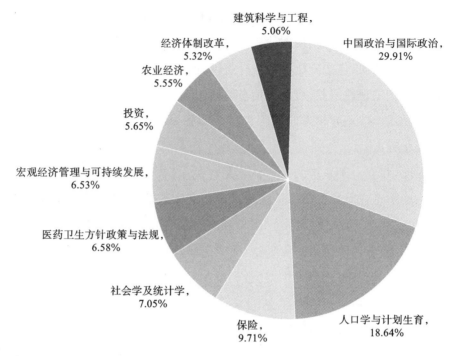

图 5-7 人口老龄化研究各学科占比

（图片来源：作者自绘）

但自 2015 年起，关于适老化城市规划和老年友好景观环境的研究数量显著增加（图 5-8）。这些研究旨在为老年人在城市环境中营造更舒适、便捷且安全的生活空间。

运用 CiteSpace 分析近 10 年来关于适老化城市规划的研究论文，关键词聚类揭示了三类研究热点：一是适老化城市规划的策略与政策（宏观政策类）；二是适老化物理环境与设施（微观设计类）；三是适老化城市规划的实践与评估（实施保障评估类）。通过关键词共现时序（图 5-9）分析可知，适老化城市规划的策略与政策相关的关键词包括医养结合、城市收缩等主题及相关的优化策略、城市更新、养老社区等。这些内容涵盖老年友好城市构建、医疗服务布局、社会保障及养老服务规划等议题。适老化物理环境与设施相关的关键词涉及公共空间、养老设施、老旧小区、养老社区等。这类热点体现了从养老设施到户外公共空间，再到社区环境的设计视角。适老化

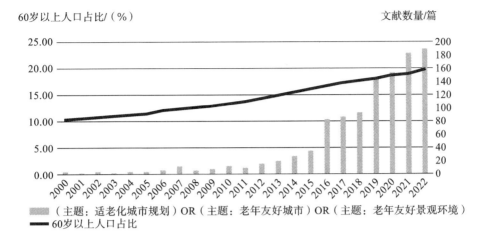

图 5-8　适老化城市规划和老年友好景观环境研究趋势图

（图片来源：作者自绘）

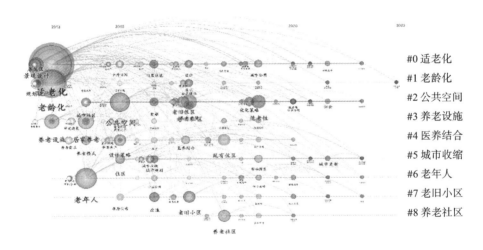

图 5-9　关键词共现时序图

（图片来源：作者自绘）

城市规划的实践与评估相关的关键词聚类也显示，评估体系作为一种重要的研究工具，能够帮助城市规划者更精准地识别和满足老年人的需求，推动老年友好城市建设。关键词聚类（图 5-10）分析揭示了我国适老化策略和政策研究正在加速实践化，焦点转向老旧社区和住区的更新改造。同时，适老性评估日益受重视，评估指标趋向系统化和成熟化。

Keywords	Year	Strength	Begin	End	2013 — 2023
养老设施	2013	2.67	**2013**	2016	
养老模式	2014	1.38	**2014**	2016	
居家养老	2014	1.45	**2015**	2017	
设计策略	2015	1.41	**2015**	2016	
改造	2016	2.71	**2016**	2017	
旧居住区	2016	2.43	**2016**	2017	
城市规划	2016	1.73	**2016**	2017	
养老建筑	2017	1.82	**2017**	2018	
规划设计	2013	1.57	**2017**	2018	
适老性	2019	2.98	**2019**	2021	
社区养老	2013	1.38	**2019**	2020	
更新	2016	1.82	**2020**	2021	
优化策略	2019	1.54	**2020**	2021	
老旧小区	2017	1.49	**2021**	2023	

图 5-10　关键词聚类图

(图片来源：作者自绘)

相关研究也体现出需要进一步关注的问题,如资源空间分配的效能与公平性问题、适老化蓝绿空间的规范问题等。当下的热点主要集中在适老化策略、设施和服务的数量与质量方面,但较少关注和讨论适老化设计是否真正满足所有老年人的需求。相关研究的缺失集中体现在四个方面:①老年人在城市范围内的空间分布,以及他们与适老化设施、蓝绿空间及交通设施之间的系统性关系;②老年人可达的蓝绿空间面积,以及背后涉及的社会公平性问题;③在人们认可蓝绿空间对老年人身心健康的重要性,以及"康养花园""亲生物型蓝绿空间""包容性景观"等概念应运而生的背景下,如何以明确的设计规范来保障和提供这些福祉;④如何将科技进步的成果有效引入适老化的规划设计中。

5.4.2　老年友好城市建设面临的挑战与机遇

我国正处于大规模且快速的人口老龄化进程,城市规划和建设将面临诸多挑战。从城市空间规划和布局的角度出发,未来面临的挑战和机遇包括以下几点。

(1)随着老年人口的数量增大,城市老年人口的空间分布发生改变,合理预测未来老年人口的分布是建设适老化城市交通、公共设施、医疗资源的关键。

(2)在城市空间开发建设较为成熟的阶段,如何高效盘活存量用地、合理规划开发建设用地,如何更好地应对人口老龄化时代下的城市更新,以实现适老化居住、交通、医疗、文化娱乐等方面的合理布局是建设的焦点问题。

(3)随着社会经济的发展和人们生活水平的提高,老年人的需求也呈现出多元化、个性化的发展趋势。除了基本的居住、医疗、交通等需求,他们还对文化、娱乐、社交等方面有着更高的需求。如何满足不同老年人的需求,提供精准化、个性化、高水平的服务,也将是未来我们所面临的挑战和机遇之一。

(4)老年友好城市的建设需要资金、人力、技术等多方面的投入,但随着城市化的加速和老年人口的增加,资源分配和投入可能会成为制约发展的重要因素,如何提高公众对老年友好城市建设的认识和重视,同时吸引更多的社会力量参与其中,也是一个需要解决的问题。

这就要求城市规划、景观规划等学科和行业的建设者在面向老年友好城市的任务挑战时采取更综合、更前瞻的策略,确保老年群体能在城市环境中享有高质量的生活。

6　结论、决策建议和展望

6.1　研　究　综　述

　　本书在景观规划的理论和实践范畴下,系统探讨了老年人对于自然游憩的需求和偏好,评估了如何使用空间分析的方法在市域尺度评估老年人的自然游憩机会、需求满足情况,以及蓝绿空间资源的空间分布和可达性等问题。这一系列的研究涉及理论梳理、空间建模实证及环境公正等价值讨论,旨在全面地分析景观规划如何有效地应对城市人口老龄化。本书依次回答了以下三个关键问题。首先,老年人在城市范围内更偏好哪些景观特征及其原因。其次,在市域范围内研究者如何将这些老年人偏好的景观的特征纳入一个空间建模的框架,帮助规划师和实践者识别出关键的空间区位以便进行有效的规划设计。最后,在理解了城市中自然游憩的供给和需求状况后,如何评价老年人获取蓝绿空间资源的公平性。

　　在本书中,自然游憩在生态系统文化服务的理论框架下被定义为景观提供的一项服务。这样做的目的,一方面,是从服务需求的角度出发,深入理解老年群体对自然游憩全过程的需求偏好,以便从广义的人群中更精确地界定老年人的特殊之处。通过对城市蓝绿空间在不同条件下服务老年人的能力进行分析,研究能够识别和表征重要的环境影响因素。另一方面,生态系统文化服务作为一套面向实践的理论和方法论,能够帮助研究人员将科学证据与景观规划结合。城市规划和景观规划是一个跨学科的领域,承载了科学知识、社会行动、法律法规、价值范式等内容,面对城市人口老龄化的挑战,其目的是通过提出具体的环境目标和干预措施,促进城市发展和维护公共利益。因此,面向规划实践来讨论自然游憩既需要深入理解老年人自然游憩的特点,也需要将这些知识转化为景观规划实践易于理解和方便操作的形式,以便在规划设计活动中更好地考虑老年群体的利益。这是本书的出发点,也是规划实践者在制定涉及人口变化的方案时必须仔细考虑的因素。

在本书第 2 章,研究使用系统性文献综述方法荟萃了老年人的自然游憩偏好的科学证据,对 2000 年至 2017 年间发表的 44 篇一手文献进行了深入分析。这些文献与本书的研究目标高度一致,且均发表于有同行评审程序的知名期刊,具有较高的可信度和科学价值。研究梳理了老年人偏好的自然游憩活动、环境特征、与自然的接触方式和需求。这些科学证据是循证规划设计的基础,能够指导景观规划设计满足老年人的需求。通过系统性文献综述,研究能够全面地理解老年群体对不同类型公园、花园、社区蓝绿空间等场所的使用情况,着重分析他们在日常休闲活动时对自然环境和服务设施的要求。研究结果表明,老年人的自然游憩已得到越来越多学科的关注,并且研究人员采用了多样的研究方法,包括问卷调查、访谈、实验、观察、GIS 或混合方法等。在不同类型的蓝绿空间类型中,公园和社区花园是被研究得最频繁的对象;但其他蓝绿空间,尤其是非正式蓝绿空间目前较少被研究。现有的科学证据强调了生理支持(subsistence)、休闲休憩(leisure)、安全防护(protection)是老年人游憩活动中的三大核心需求,为本书构建空间评估体系指出了方向。在此基础上,本书提出了一套分析老年人对自然游憩偏好的理论框架。框架的核心类别包括景观特征(自然基底,例如美学、可识别性)、基础设施与设备(支持因素,例如路径、娱乐设施和商业设施)、维护管理(清洁和安全因素,例如维持场地和设施的洁净和安全)和可达性(便捷,例如步行环境较好和乘用公共交通可达)四个,可为面向城市人口老龄化的景观规划提供理论基础和实践指导。此外,分析老年人的景观偏好差异,能够为精细化地干预城市蓝绿空间提供循证支持。

本书第 3 章采用空间建模的方式,通过一个指标体系和多源数据来评估汉诺威市全域的游憩潜力、游憩机会及老年人自然游憩的需求。借助主流的生态系统服务制图框架 ESTIMAP,本章在城市尺度下测定和图示了针对老年人的自然游憩潜力、机会和需求。在此框架下,研究采用了多变量的景观美学质量模型,运用本地详细的生境数据来达到区分蓝绿空间异质性的目的。通过 GIS 空间分析,研究将第 2 章得出的研究结果以空间可视化的方式呈现在地图中,能够量化和评价不同类型蓝绿空间的游憩潜力。在此之上,研究通过交叉制表法分析了老年人可获得的游憩机会,判定游憩机会高的区域既有较大的游憩潜力,又有较为完善的服务型设施,并且靠近居民点和道路。此方法能够较全面地反映老年人对于自然游憩的需求偏好。在完成模型建构后,本研究为确保评估的适用性,以汉诺威市为研究对象,通过数据表征和建模调查了老年人在市域范围中的自然游憩机会。研究发现,尽管汉诺威市的公园和花园数量众多,但真正能为老年人提供较高游憩机会的空间仍然有限,并且分布不均,具备相对较高游憩潜力的是那些景观特征多样、邻近城市湖泊和河道的蓝绿空间。在评估过程中,研究发现了若干线性廊道具有较好的游憩机会,并且已经形成了网络化的雏形。该游憩价值较高的线性廊道穿越城市的西南部,连接了作为城市地标的皇家公园、湿地和湖区,也为当地的老年人提供了较好的自然游憩空间。尽管在研究中,缺乏高精度的社会经济数据的情况仍然存在,一定程度上影响了评估结果的有效性,但这套基于生态系统服务空间制图的方法,能够帮助规划师和实践者理解城市环境的复杂性,并且能在具体空间点位上为提升老年人的自然游憩体验做出贡献。

本书第 4 章应用了一个经过改进的"两步移动搜索法"对汉诺威市蓝绿空间的可达性和公平性进行了评估。这种方法相较于传统的人均蓝绿空间面积计算法,加入了实际街道网络的步行距离计算,并且考虑了蓝绿空间的吸引力因素——即本书第 3 章使用的景观美学质量模型。该研究考虑了代表两种不同步行移动能力的研究情景,并发现在"远距离假设"(即假设民众愿意或便于步行较远的距离)下,城市蓝绿空间的人均可达性计算值普遍大于"近距离假设"(即假设民众倾向于步行较近的距离)下的计算值,但是不同区域间的差异较大。这个发现说明了步行环境和民众的移动能力对于城市蓝绿空间可达性具有重要影响。此外,本研究使用基尼系数对不同测量方法得出的可达性进行分析,在更深层次揭示了可达性的空间不均。尤其是在"近距离假设"下,蓝绿空间分布的不均更容易转化为可达性分布的不均。但是,只要关键区域的步行环境较好,即使蓝绿空间分布不均,整体的可达性也有机会提升。另外,未发现显著证据说明老年人在可达性方面存在明显劣势,但发现了可达性在空间分布上的规律。本研究为评估和提升老年人自然游憩的体验提供了新的方法,研究识别出的关键的空间区域可供规划师重点考虑,以提升老年人的蓝绿空间可达性。

6.2　研究价值

在城市人口老龄化的背景下,本书针对特定的社会群体——老年人,构建了一个研究路径来分析他们对自然游憩的偏好。以研究一套景观规划方法作为最终目的,本书首先梳理了关于老年人自然游憩偏好的科学依据,不仅分析了老年人的需求和期望("该考虑哪些要素"),还涉及空间分析如何选择相应的变量和参数来模拟不同的环境特征对老年人群自然游憩的影响("如何在空间中表征和评价")。接下来,研究重点关注老年人与自然特征、设施和邻近性之间的复杂关系,分析了可达性和公平性("这些供需的空间分布是否公平")。通过这一系列的分析,研究不仅得出了数值结果,也生成了一系列的评价地图。这些评价地图对于规划者来说能提供详细的空间点位,用于支撑决策的制定。同时,这些评价地图本身也有较好的沟通属性,能够用于和不同学科的研究者及实践者,甚至公众沟通,更全面地理解老年人自然游憩的空间分布规律。

连续空间的游憩潜力评价在当下的城市规划研究中具有特别的意义。既往研究关于老年人的城市游憩的探讨主要集中在城市公园、社区花园等传统上被纳入明确管理体系和空间边界的离散绿地单元(discrete greenery unit),并较多关注老年人的体力活动等方面。本研究希望突破公园绿地的研究范围,通过考虑老年人多样化的活动需求和城市丰富的景观特征,综合探讨在市域尺度下规划者如何更全面地理解自然游憩行为。因此,本书认为仅仅研究老年人对公园的偏好并不能在城市人口老龄化的背景下为城市规划提供足够的科学支撑。相应研究的内容应该包括老年人对市域蓝绿空间的需求偏好,以及他们对包括交通在内的建成环境和城市景观的一般性偏好,例如配套设施及发挥协同增效作用的基础设施、商店、报亭、设施的维护管理,还有各类基础设施的可达性等。这些城市中的要素连同蓝绿空间的特征一起,共同营造了城市蓝绿空间综合吸引力。这些一般性、普遍性的偏好如果被研究清楚,更容易在规划实践中被广泛采纳。而一些老年人特殊的自然游憩偏好,如户外门球活动、林间舞蹈活动等,则揭示了自然游憩的生态—文化复合性,强调了老年人对蓝绿空间的需求可能会根据活动类型和文化背景的不同有着较大差异。

有证据表明老年人通常不反感甚至偏好在城市地区的密集林地休憩,因为这样的环境能提供一种更自然的体验,并且隔离了城市的喧嚣和交通带来的危险感。然而,这种偏好的满足也必须依赖一些前置条件,如对安全的保障,预防犯罪的发生。在这一点上需要认识到,景观规划和设计不应单纯考虑自然和人文景观本身的美观舒适因素,也应预料甚至干预一些社会因素,比如这里提到的安全因素。因此,针对城市弱势群体,应该主动探索和追问他们特定环境偏好的支撑性因素,并将这些支撑性因素的规划和设计也纳入相应的景观规划中,使规划设计和研究成果紧密结合。这种思路不仅能确保规划设计方案关注老年群体游憩需求满足的全流程,这些被纳入的支撑性因素也能为其他社会群体创造一个共同的、更加安全和舒适的自然游憩环境。

在此基础上,本书建构了一个分析路径来量化和可视化老年人视角下的自然游憩潜力分布图。作为一个在城市规划过程中经常被提及但较少以专门性的技术方法来表征和研究的社会群体,老年群体的需求在以往的研究中很少以空间制图的方式体现。借助生态系统服务提供的理论和方法论,本研究通过 ESTIMAP 分析框架绘制了市域尺度下自然游憩的多组评价图,包括游憩潜力、游憩机会、游憩需求三个结果性的评价图,以及景观特征自然度、多样性、稀有度、基础设施的服务范围等数十个过程性的评价图。这些不同主题的评价图为决策者提供了灵活的视角来审视城市蓝绿空间,从而支撑规划设计。

在过程性的评价图基础上,ESTIMAP 框架提供的空间分析方法能够对不同主题的评价图进行组合分析。例如,单独的景观美学质量模型更多的是从自然生态的角度来评价自然游憩的潜力,但是当它和其他评价基础设施的空间图相结合,这些图表能够展示自然景观潜力与人力投入的组合方式,从而帮助决策者理解生态本底和支持条件之间的相互作用。在研究对象汉诺威市,一个突出的例子是,哪怕一处城市森林具有较大的面积和较高的美学价值,但如果它在支持设施和可达性方面较弱,其对老年人的吸引力也会降低,从而无法提供与其生态本底相匹配的游憩机会。因此,运用不同主题的评价图相组合的方式,规划者能够更全面地理解老年人自然游憩需求的复杂性,从而有针对性地安排规划、设计和进行管理,确保城市蓝绿基础设施的多样性和包容性。

本书虽以老年人作为研究对象来探讨自然游憩服务,但相应研究成果和研究方法也能够帮助规划者理解其他社会群体。在城市规划和景观规划实践中,不同的社会群体作为利益相关方可能会在环境建设的目标上存在差异或冲突。例如,老年群体在同一处蓝绿空间中对环境特征的需求或关注优先级可能与年轻群体完全不同。因此,如何使有限的城市蓝绿空间发挥最大的效用,服务更多人群是一个值得探讨的重要话题。本书虽然是从老年群体的视角出发探讨相关话题,但这并不意味着忽略其他群体,或者否认可能会存在的需求冲突。不过,系统分析不同群体的复杂需求并进行权衡已经超出了本书的研究范围。诚然,在生态系统服务的理论下已有关于相关需求权衡的研究和实践,但如何将城市弱势群体的需求纳入这个体系,仍是当下亟须研究的内容。因此本书以老年群体为研究对象,所建构的研究路线和量化方法正是相应的尝试和贡献。

从蓝绿空间的角度来说,老年友好的景观环境并不意味着它仅对老年群体开放或仅考虑他们的利益。实际上，老年群体作为一个对无障碍设施、清晰的导视、安全性、可达性要求更高、体验更敏感的群体，他们对特定环境特征的偏好往往与其他社会群体的偏好有共性。更进一步说，满足老年群体这些需求的蓝绿空间，通常在无障碍、导视、安全性、可达性方面能够满足其他社会群体。例如，儿童和残障人士也能从改善蓝绿空间的可达性、便利性、安全维护方面受益。人口结构是动态变化的，每个人最终都会步入老年。因此在任何社会背景下——不论是本书实证研究所关注的德国，还是正在步入老龄化社会的中国——建设老年友好环境和提升自然游憩的体验都极为重要。研究中关于人力投入和辅助设施的空间建模研究，连同背后的支撑方法体系，也能够用于研究其他城市弱势群体。

近年来，环境公正已经成为一个日益受到关注的社会议题。本书试图从年龄角度对环境公正的话题进行回应。环境公正的关键支柱包括分布、认可和参与感。本书主要通过系统性文献综述、理论建构、空间建模的方法来剖析老年群体在市域尺度的自然游憩。在资源分配方面，研究使用空间建模的方法绘制了城市中不同区位的游憩潜力和游憩机会评价图，揭示了游憩机会的空间分布不平等现象。在现代城市规划的观点下，决策者应将自然游憩视为社会生态福祉的一部分，并确保弱势群体能够平等、充分地享受蓝绿空间提供的游憩机会。本书的研究结果提醒规划者应留意环境公正与人口学特征的关系。需要特别指出的是，人的交通行为和移动能力可以在一定程度上对蓝绿空间的分布不均带来缓解和补偿。在本书的实证案例中，尽管作者没有发现明显的证据表明大部分老年人无法获得自然游憩机会，但能够证实在不同的移动能力的假设下蓝绿空间的可达性均存在不均衡现象，且处于较强移动能力的假设下城市整体的可达性和公平性均得到改善。相较于年轻群体，老年群体的移动能力相对较弱，因此更依赖住区附近的蓝绿空间进行自然游憩。因此环境公正的内涵更偏向于分布公正（distribution justice）。改善城市步行环境能扩大"住区附近"这一概念的范围。

6.3 应对人口老龄化的景观规划决策建议

针对老年人自然游憩偏好的空间评估在城市规划中对于发展蓝绿基础设施尤其重要。在市域尺度,蓝绿空间作为城市广义蓝绿基础设施的空间载体,既承担了生态系统的生产、支持、调节作用,也承担了重要的文化作用——突出体现为自然游憩,即直接服务于城市居民。因此,规划者应将城市居民的需求偏好,尤其是弱势群体的偏好,准确转化为规划工具能够理解、处理、讨论的信息模式,融入景观规划的方法论中。虽然截至目前,已有较多资料(包括本书)梳理总结了老年人对自然游憩和对蓝绿空间的具体需求和偏好,但更为关键的是,这些需求和偏好必须依托规划者建立一个有效的沟通机制,确保当地老年群体能提出具体的需求和优先级排序。在这个意义上来说,本书得出的具体数值结论无法保证适用于所有的研究场地,但这个方法路径本身包含了一个本地化和充分调研的过程,这应成为规划策略制定的基础。方法论的最终目的是确保规划结果能够反映并满足本地老年群体的实际需求。

针对一个具体的社会—生态议题,利用生态系统服务的理论和工具来评估利益相关者的偏好,并据此绘制相应的评价地图,已经成为权衡不同社会人群空间需求的重要方法。这种方法也能够帮助规划者在城市空间中了解不同群体的需求,从而在方案制定中更有针对性地考虑利益的平衡和融合。以本书关注的老年人自然游憩为例,通过这种评估方法,实践者能够循证干预,从而更好地应对人口老龄化所带来的挑战,在设计层面营造更符合老年人需求的蓝绿空间,在规划层面更均衡和科学地进行空间布置。这不仅能够多角度提高老年人的生活质量,也有助于推动可持续发展和环境公正。

在本书写作期间,汉诺威市启动了一个景观发展项目——绿色汉诺威(图 6-1),旨在改善城市蓝绿空间的数量和服务质量,并鼓励不同的社会群

图 6-1　汉诺威市 2023 年推出的景观发展项目"绿色汉诺威"

(图片来源:https://www.hannover.de)

体积极参与景观规划的决策过程。在这个过程中,关键的内容之一是根据所确定的规划目标找到适宜的空间区位来逐一落实。这些需要着重发展蓝绿空间和景观的关键位置通常是需求与机会不匹配的区域。在汉诺威市应对城市人口老龄化的背景下,景观规划可受益于本研究提供的理论和方法。

同时,当地政府层面也愈加重视提升老年人生活质量的问题,并在市政府网站专门建立了老年人服务页面,将老年人自然游憩和户外活动相关的信息更新进政府网站当中(图 6-2)。

图 6-2　汉诺威市政府网站推出的老年人服务动态专栏

(图片来源:https://www.seniorenberatung-hannover.de)

　　根据本书的实证分析结果,德国汉诺威市的现实情况是相当大比例的老年人居住在市中心,但是游憩机会丰富的区域主要位于城市边缘。这种空间格局具有一定的典型性和代表性。城市中心往往是老城区所在地,大量住宅区聚集,并且商业繁荣、交通繁忙。除了历史性的公园和广场,较少有新修建的城市公园位于城市中心。而城市中大量的生态空间位于城市外围或城郊的低密度区域。针对老年人,这种蓝绿空间的供需错位提醒规划者需注意以下几点。

　　(1)在人口密集、建筑密布的市中心区域,诚然增加多处大型蓝绿空间并不现实且难度较大，但可以通过增设口袋公园并提升现有街心花园、社区公园的质量，来间接增加老年人的自然游憩机会。研究发现，并不是所有社区公园和口袋公园都能满足老年人的需求。只有这些口袋公园设计得当，遵循一些适老化设计或通用性设计的导则，能提供自然观景、遮阴和休憩功能，才能更好地满足老年人的自然游憩需求。

（2）规划者和设计者还应该考虑加强现有游憩机会较好的蓝绿空间之间的联系，考虑在市域尺度营造一个游憩网络。具体的措施包括打造一些线性蓝绿空间和包括湖滨区域在内的景观走廊。如果这些线性空间或网络廊道内部通畅，外部又能隔绝一定的城市交通和噪声干扰，就有机会引导更多居民和老年人来此进行自然游憩。这种高质量的绿色空间网络，同样能提升自然游憩的可达性，并且能够将更多社会群体联系在一起，从而为环境公正和社会包容做出贡献。

（3）设计者应特别注意改善连通老年人集中的居住区和蓝绿空间之间的路径，包括步行环境和交叉路口。研究表明，老年人出门进行自然游憩的一大阻力是对交通状况的担忧，集中体现在对糟糕的交通节点的担忧。因此，高质量的步行环境不仅可以降低安全风险，还可以鼓励老年人多出门，提升其自然游憩的积极性。

6.4　研究的局限性

本研究使用了多种方法在景观规划的背景下探讨了老年群体自然游憩的需求，在方法构建上不可避免地具有一定的局限性。

在第 2 章的文献综述中，本书主要分析的科学证据是经过同行评审的论文，这可能导致一些重要的"灰色文献"——如报告、非学术类的书籍、其他媒体所记录的相关见解和数据被忽略。一些"灰色文献"尽管未经过同行评议程序，但它们可能包含有价值的案例和观点。这部分内容的缺失可能导致本书萃取科学证据的范畴仅限于已发表的主流学术期刊，因此导致一些偏差。例如有可能一些地区的老年人在蓝绿空间中有特殊的游憩方式和游憩行为,并带有显著的民俗文化特征,但这些记录不一定被发表在同行评议的论文中,因此在分析时被遗漏。

由于获取老年人自然游憩的数据存在一定难度,导致本研究对空间建模的架构进行了调整。在构建游憩潜力与游憩机会评价框架时,本研究引入 LAQ 模型。这个模型的主要目的是通过客观测定的景观要素特征来评估带有主观性质的美学价值。然而,正如第 3 章所解释的,所引用的这个模型参数主要是基于对包括老年人在内的社会公众的调查,但并没有排他性地专门研究老年群体。尽管这个模型能够达到研究目的,但它可能无法精确反映老年人对景观的视觉偏好。老年人的视觉感知、审美标准可能与中、青年人有所差异。因此即使本研究尽可能引用了贴近研究目的的数据和模型参数,在反映老年人真实审美感知上仍有局限性。

本研究在建模评估老年人的负面环境感知方面,尤其是在环境安全的担忧方面也存在不确定性。具体来说,由于德国严格的数据使用保护条例,作者未被授权使用详细的治安事故数据和交通事故数据来模拟老年人对环境风险的担忧。在第 2 章,本书已强调治安和交通的安全性是影响老年人自然游憩体验的关键性因素。由于无法使用直接的数据进行建模分析,研究只能通过替代变量,即蓝绿空间的管理维护状况和配套设施及商店的邻近性进行间接性的评估。这种间接性的评估是基于简·雅各布斯(Jane Jacobs)的研究所做的一个假设,即街道层面商店的存在和良好的设施维护能产生一种"街道监控效应",通过提高环境的可见性和人群活力来增强社区的安全感。这种理论假设有一定合理性,但从街道空间迁移到自然游憩空间结论是否仍然成立,尚需要更多的实证研究来证实。

本书在以自然游憩为研究对象考虑老年人的出行方式时,主要关注了短途步行。这种方法有可能忽视了市域范围内的中长距离自然游憩需求。在现实生活中,城市蓝绿空间和居民区的相对位置关系构成了可达性和公平性评估的基础。但如果将公交车、自行车、电动车、私家车等其他交通方式考虑在内,老年人的活动范围和自然游憩机会将显著增加。这种可能性加大了理解环境公正的复杂程度。但本书认为，步行方式视角下的老年人自然游憩体验具有更大的普适性和研究价值。

本书仅选取了德国汉诺威市作为案例分析对象，这在一定程度上限制了研究结论和所用方法的可延展性。本研究使用了当地各年龄段的详细人口分布数据和生境栖息地数据，这些高精度的数据均由政府提供，并且有专门的申请步骤和格式。尽管在当下，一些数据如卫星图像和街道网络均可开源获取，但它们在精确性和颗粒度上不一定能满足自然游憩精细化建模的需求。具体情况需要视研究目标和实际情况而定。所以，本书内容的延展性尚需要通过更广的地理范围和不同的数据源进行进一步验证和改进。

6.5　未来研究展望

在景观规划背景下探讨老年群体和其他城市弱势群体的自然游憩，未来的研究应进一步探索"生态—社会"因素如何共同起作用以影响特殊群体的需求偏好。老年人自然游憩的问题涉及退休和养老、城市公共空间营造、蓝绿空间规划设计和维护、公共健康政策、可达性和安全性，以及老年人群自身的生理、心理特点，因此，当城市管理者和规划师循证介入老年群体的自然游憩问题时，不应该把它简化或窄化为单纯的资源配比问题，而是需要深入理解目标人群如何与自然环境互动。当下尽管关于老年人需求的研究日益增多，但规划者在制定政策和实施规划时，应首先审慎考虑当地民俗文化的多样性，以及评估所参考的科学证据在多大程度上能代表当地居民的实际情况。因此，未来研究可进一步调查探访当地节日、文化景观和社区活动对老年人自然游憩的影响。这涉及跨学科的合作。可以进一步引入的研究方法包括深入访谈、问卷调查、面板数据分析、研讨会、社会试验等。另外，研究应该主动选取和利用老年人信息数据丰富的社交媒体平台。例如，已有证据表明，老年人已成为短视频平台的重要用户群体，并留下了丰富的信息数据。一方面，这对老年人的自然游憩行为构成了"挑战"，因为短视频等静态娱乐活动正在争夺老年人的休憩时间,另一方面,这些平台的行为数据也能为研究老年人的环境行为提供素材。这些都是有价值且值得进一步探究的话题。

同时,未来研究还应考虑如何在景观规划中平衡老年群体和其他年龄组群体的需求。针对同样的市域蓝绿空间,目前国内外提出了多种发展策略,如"儿童友好景观""全年龄包容性景观"等。本书认为,老年人对蓝绿空间的需求可能与年轻人存在差异。因此,未来研究可以关注一些权衡和协同的关键问题。例如,在城市高密度区域中,如何在蓝绿空间有限的情况下平衡及协同老年人和青少年的蓝绿空间使用诉求,以及如何处理不同社会群体间的需求冲突。本书的研究过程表明,生态系统服务的框架可以用来分析不同社会群体,包括各年龄组群体的需求。因此,这套方法论不仅能衔接现有的规划理论,还能使用空间制图的方式帮助权衡不同群体的空间诉求。理想状态下,景观规划应促进蓝绿空间的包容性,服务各年龄群体,但也应该有相应的理论方法来分析针对特定年龄群体的循证干预手段。

最后,本书建议未来的研究更多考虑老年群体在城市中的时空动态。需要注意的是,自然游憩机会的供给,以及老年人的需求分布都是动态变化的,因此,建立动态的监测体系和评价机制具有重要意义。如何应对人口变化的挑战,进行可持续的景观规划,还有待进一步地研究探索。

参 考 文 献

[1] 李辉,刘春燕.中国与欧盟人口老龄化问题比较研究[J].市场与人口分析,2007,13(3):71-76.

[2] 张再生.中国人口老龄化的特征及其社会和经济后果[J].南开大学学报(哲学社会科学版),2000(1):83-89.

[3] 王蒙.中国人口老龄化问题研究[J].中国经贸导刊,2021(8):158-160.

[4] 陆杰华,郭冉.从新国情到新国策:积极应对人口老龄化的战略思考[J].国家行政学院学报,2016(5):8.

[5] 李韧.发展老年消费,完善经济结构供给侧改革[J].学术探索,2016(9):6.

[6] 夏育文.银色经济有望成为新的增长点[J].中国社会保障,2015(12):1.

[7] 陈宏胜,胡雅雯,崔敬壮,等.迈向"老龄友好":深圳适老型城市发展经验与规划对策[J].规划师,2023,39(1):35-41.

[8] 刘正莹,杨东峰.为健康而规划:环境健康的复杂性挑战与规划应对[J].城市规划学刊,2016(2):104-110.

[9] 王兰,蒋希冀,孙文尧,等.城市建成环境对呼吸健康的影响及规划策略——以上海市某城区为例[J].城市规划,2018(6):8.

[10] 张旺.健康城市规划路径与要素辨析[J].建筑工程技术与设计,2017(3):698.

[11] 韦伯斯特,桑德森,徐望悦,等.健康城市指标——衡量健康的适当工具?[J].国际城市规划,2016(4):27-31.

[12] 冷红,许晟凡,袁青.社区绿地空间对心血管健康的影响——以西安市长安区为例[J].风景园林,2023,30(12):33-39.

[13] 杨一帆,张雪永,陈杰,等.中国大中城市健康老龄化指数报告(2019~

2020)［M].北京:社会科学文献出版社,2020.

[14] 郭大水,梁锦江,肖童.天津城市老年人生活满意度及其影响因素
[J].中国老年学杂志,2011,31(16):2.

[15] 汪波.需求—供给视角下北京社区养老研究——基于朝阳区 12 个社
区调查[J].北京社会科学,2016(9):9.

[16] 孙晓芹.上海城市老年人养老生活满意度及其影响因素研究[D].上
海:上海工程技术大学,2011[2023-12-24].DOI:CNKI:CDMD:
2.1013.132718.

[17] 鞠福利,李东升.基于 CiteSpace 的我国适老化景观研究知识图谱分
析[J].农业与技术,2023,43(3):113-117.

[18] 李振玮.城市老年人出行能力与年龄的相关关系研究[D].昆明:昆
明理工大学,2018.

[19] 韩晓洁.城市公园绿地老年人活动区适老性规划设计研究[J].城市
建筑,2014(12):1.

[20] 蔡清.哈尔滨市适宜老年人的综合性公园绿地建设研究[D].哈尔
滨:东北农业大学,2009.

[21] 杜彬洁.基于老年人活动的城市绿地设计研究[D].北京:中国林业
科学研究院,2014.

[22] 窦晓璐,派努斯,冯长春.城市与积极老龄化:老年友好城市建设的国
际经验[J].国际城市规划,2015(3):7.

[23] 樊士帅,杨一帆,刘一存.国际城市应对人口老龄化的行动经验及启
示[J].西南交通大学学报(社会科学版),2017(2):82-90.

[24] 郭亚文,傅华,唐宇扬,等.老年友好城市核心指标的调查结果分析
[J].上海预防医学,2016,28(10):8.

[25] 孙文君.健康视域下的高密度城区公园绿地景观适老化评价及优化
研究[D].武汉:武汉大学,2023.

[26] 周永思.老龄化背景下城乡规划所面临的挑战及应对策略[J].建筑
设计管理,2018,35(12):3.

[27] ALVES S,ASPINALL P A,WARD T C,et al. Preferences of older people for environmental attributes of local parks[J]. Facilities, 2008,26(11/12):433-453.

[28] ANDERSON G F, HUSSEY P S. Population aging:A comparison among industrialized countries[J]. Health Affairs, 2000, 19: 191-203.

[29] ARTMANN M,CHEN X,IOJĂ C,et al. The role of urban green spaces in care facilities for elderly people across European cities[J]. Urban Forestry & Urban Greening,2017,27:203-213.

[30] ASPINALL P A,THOMPSON C W,ALVES S,et al. Preference and relative importance for environmental attributes of neighbourhood open space in older people[J]. Environment and Planning B: Planning and Design,2010,37:1022-1039.

[31] ATKINSON H H,ROSANO C,SIMONSICK E M,et al. Cognitive function,gait speed decline,and comorbidities:The health,aging and body composition study[J]. The Journals of Gerontology Series A: Biological Sciences and Medical Sciences,2007,62(8):844-850.

[32] BARBOSA O, TRATALOS J A, ARMSWORTH P R,et al. Who benefits from access to green space? A case study from Sheffield, UK[J]. Landscape and Urban Planning,2007,83:187-195.

[33] BARNETT D W,BARNETT A,NATHAN A,et al. Built environmental correlates of older adults' total physical activity and walking:A systematic review and meta-analysis[J]. International Journal of Behavioral Nutrition and Physical Activity,2017,14(1):103.

[34] BELL S L,PHOENIX C,LOVELL R,et al. Green space,health and wellbeing:Making space for individual agency[J]. Health & Place, 2014,30:287-292.

[35] BOEING G. OSMnx:New methods for acquiring, constructing,

analyzing,and visualizing complex street networks[J]. Computers, Environment and Urban Systems,2017(65):126-139.

[36] BOLL T, VON HAAREN C, VON RUSCHKOWSKI E. The preference and actual use of different types of rural recreation areas by urban dwellers-The Hamburg case study[J]. PLoS ONE,2014,9 (11):e108638.

[37] BRYANT J,DELAMATER P L. Examination of spatial accessibility at micro-and macro-levels using the enhanced two-step floating catchment area(E2SFCA)method[J]. Annals of GIS,2019,25(3): 219-229.

[38] BUSEMEYER M R,GOERRES A,WESCHLE S. Attitudes towards redistributive spending in an era of demographic aging:The rival pressures from age and income in 14 OECD countries[J]. Social Science Electronic Publishing,2008,19(3):195-212.

[39] CAIN K L,MILLSTEIN R A,SALLIS J F,et al. Contribution of streetscape audits to explanation of physical activity in four age groups based on the Microscale Audit of Pedestrian Streetscapes (MAPS)[J]. Social Science & Medicine,2014,116:82-92.

[40] CERIN E, LEE K, BARNETT A, et al. Objectively-measured neighborhood environments and leisure-time physical activity in Chinese urban elders[J]. Preventive Medicine,2013,56:86-89.

[41] CERIN E,SIT C H P,BARNETT A,et al. Walking for recreation and perceptions of the neighborhood environment in older Chinese urban dwellers[J]. Journal of Urban Health,2013,90:56-66.

[42] CHOW H. Outdoor fitness equipment in parks:A qualitative study from older adults' perceptions[J]. BMC Public Health,2013(13): 1216.

[43] COHEN D A,SEHGAL A,WILLIAMSON S,et al. New recreational

facilities for the young and the old in Los Angeles: Policy and programming implications[J]. Journal of Public Health Policy, 2009,30(Suppl 1):S248-S263.

[44] COMBER A,BRUNSDON C,GREEN E. Using a GIS-based network analysis to determine urban greenspace accessibility for different ethnic and religious groups[J]. Landscape and Urban Planning, 2008,86(1):103-114.

[45] CORTINOVIS C,ZULIAN G,GENELETTI D. Assessing nature-based recreation to support urban green infrastructure planning in Trento(Italy)[J]. Land,2018,7(4):112.

[46] DAI D. Racial/ethnic and socioeconomic disparities in urban green space accessibility:Where to intervene? [J]. Landscape and Urban Planning,2011,102(4):234-244.

[47] DRACHENFELS O V. Kartierschlüssel für Biotoptypen in Niedersachsen unter besonderer Berücksichtigung der gesetzlich geschützten Biotope sowie der Lebensraumtypen von Anhang I der FFH-Richtlinie, Stand März 2011[R/OL]. [2023-04-27]. https://www. nlwkn. niedersachsen. de/download/111210/Den _ Kartierschluessel _ mit _ Stand_Maerz_2021_koennen_Sie_sich_hier_herunterladen. pdf.

[48] DRAMSTAD W E, TVEIT M S, FJELLSTAD W J, et al. Relationships between visual landscape preferences and map-based indicators of landscape structure [J]. Landscape and Urban Planning,2006,78(4):465-474.

[49] ERONEN J, VON BONSDORFF M, RANTAKOKKO M, et al. Environmental facilitators for outdoor walking and development of walking difficulty in community-dwelling older adults[J]. European Journal of Ageing,2013,11(1):1-9.

[50] ESTHER H K Y, WINKY K O H, EDWIN H W C. Elderly

satisfaction with planning and design of public parks in high density old districts: An ordered logit model[J]. Landscape and Urban Planning,2017,165:39-53.

[51] FAN P,XU L,YUE W,et al. Accessibility of public urban green space in an urban periphery:The case of Shanghai[J]. Landscape and Urban Planning,2017,165:177-192.

[52] GONG F,ZHENG Z C,NG E. Modeling elderly accessibility to urban green space in high density cities:A case study of Hong Kong [J]. Procedia Environmental Sciences,2016(36):90-97.

[53] GONG P,LIU H,ZHANG M,et al. Stable classification with limited sample:transferring a 30-m resolution sample set collected in 2015 to mapping 10-m resolution global land cover in 2017[J]. Science Bulletin,2019,64(11):370-373.

[54] GONG Y,GALLACHER J,PALMER S,et al. Neighbourhood green space,physical function and participation in physical activities among elderly men:the Caerphilly Prospective study [J]. International Journal of Behavioral Nutrition and Physical Activity,2014(11):40.

[55] GOTO S,FRITSCH T. A pilot study of seniors' aesthetic preferences for garden designs[J].Journal of the Japanese Institute of Landscape Architecture,2011(76):24-34.

[56] GRUNEWALD K,RICHTER B,MEINEL G,et al. Proposal of indicators regarding the provision and accessibility of green spaces for assessing the ecosystem service "recreation in the city" in Germany[J]. International Journal of Biodiversity Science,Ecosystem Services & Management,2017,13(2):26-39.

[57] HECKERT M. Access and equity in greenspace provision:A comparison of methods to assess the impacts of greening vacant land [J]. Transactions in GIS,2013,17(6):808-827.

[58] HØLLELAND H, SKREDE J, HOLMGAARD S B. Cultural heritage and ecosystem services: A literature review[J]. Conservation and Management of Archaeological Sites, 2017, 19(3):210-237.

[59] HERMES J, ALBERT C, VON HAAREN C. Assessing the aesthetic quality of landscapes in Germany[J]. Ecosystem Services, 2018, 31: 296-307.

[60] HETHERINGTON J, DANIEL T C, BROWN T C. Is motion more important than it sounds?: The medium of presentation in environment perception research [J]. Journal of Environmental Psychology, 1993, 13(4):283-291.

[61] HOFFIMANN E, BARROS H, RIBEIRO A I. Socioeconomic inequalities in green space quality and accessibility: Evidence from a Southern European city[J]. International Journal of Environmental Research and Public Health, 2017, 14(8):916.

[62] HUNG K, CROMPTON J L. Benefits and constraints associated with the use of an urban park reported by a sample of elderly in Hong Kong[J]. Leisure Studies, 2006, 25(3):291-311.

[63] JORGENSEN A, ANTHOPOULOU A. Enjoyment and fear in urban woodlands: Does age make a difference? [J]. Urban Forestry & Urban Greening, 2007, 6(4):267-278.

[64] JOSEPH A, ZIMRING C. Where active older adults walk: Understanding the factors related to path choice for walking among active retirement community residents[J]. Environment and Behavior, 2007, 39(1):75-105.

[65] KABISCH N, HAASE D. Green justice or just green? Provision of urban green spaces in Berlin, Germany[J]. Landscape and Urban Planning, 2014, 122:129-139.

[66] KABISCH N, QURESHI S, HAASE D. Human-environment interactions

in urban green spaces：A systematic review of contemporary issues and prospects for future research［J］. Environmental Impact Assessment Review,2015(50)：25-34.

［67］ KACZYNSKI A T,BESENYI G M,STANIS S A W,et al. Are park proximity and park features related to park use and park-based physical activity among adults? Variations by multiple socio-demographic characteristics［J］. International Journal of Behavioral Nutrition and Physical Activity,2014(11)：146.

［68］ KACZYNSKI A T,JOHNSON A J,SAELENS B E. Neighborhood land use diversity and physical activity in adjacent parks［J］. Health & Place,2010,16(2)：413-415.

［69］ KACZYNSKI A T,POTWARKA L R,SAELENS B E. Association of park size, distance, and features with physical activity in neighborhood parks［J］. American Journal of Public Health,2008,98 (8)：1451-1456.

［70］ KACZYNSKI A T, STANIS S A W, HASTMANN T J, et al. Variations in observed park physical activity intensity level by gender,race,and age：Individual and joint effects［J］. Journal of Physical Activity and Health,2011,8(Suppl 2)：S151-S160.

［71］ KEMPERMAN A, TIMMERMANS H. Heterogeneity in urban park use of aging visitors：A latent class analysis［J］. Leisure Sciences,2006,28(1)：57-71.

［72］ KEMPERMAN A, TIMMERMANS H. Green spaces in the direct living environment and social contacts of the aging population［J］. Landscape and Urban Planning,2014(129)：44-54.

［73］ KESSEL A,GREEN J,PINDER R,et al. Multidisciplinary research in public health：A case study of research on access to green space ［J］. Public Health,2009,123(1)：32-38.

[74] LA ROSA D, TAKATORI C, SHIMIZU H, et al. A planning framework to evaluate demands and preferences by different social groups for accessibility to urban greenspaces[J]. Sustainable Cities and Society,2018(36):346-362.

[75] LAATIKAINEN T E, BROBERG A, KYTTA M. The physical environment of positive places: Exploring differences between age groups[J]. Preventive Medicine,2017,95(Suppl):S85-S91.

[76] LEAVER R, WISEMAN T. Garden visiting as a meaningful occupation for people in later life[J]. British Journal of Occupational Therapy,2016,79(12):768-775.

[77] LEE A C K, MAHESWARAN R. The health benefits of urban green spaces: A review of the evidence[J]. Journal of Public Health, 2011,33(2):212-222.

[78] LIBERATI A, ALTMAN D G, TETZLAFF J, et al. The PRISMA statement for reporting systematic reviews and meta-analyses of studies that evaluate health care interventions: explanation and elaboration[J]. Journal of Clinical Epidemiology, 2009, 62 (10): e1-34.

[79] LOUKAITOU-SIDERIS A, LEVY-STORMS L, CHEN L, et al. Parks for an aging population:Needs and preferences of low-income seniors in Los Angeles [J]. Journal of the American Planning Association,2016,82(3):236-251.

[80] LUO W, QI Y. An enhanced two-step floating catchment area (E2SFCA)method for measuring spatial accessibility to primary care physicians[J]. Health & Place,2009,15(4):1100-1107.

[81] LYONS E. Demographic correlates of landscape preference [J]. Environment and Behavior,1983,15(4):487-511.

[82] LÖFVENHAFT K, RUNBORG S, SJÖGREN-GULVE P. Biotope

patterns and amphibian distribution as assessment tools in urban landscape planning[J]. Landscape and Urban Planning,2004,68(4): 403-427.

[83]   MALLETT R,HAGEN-ZANKER J,SLATER R,et al. The benefits and challenges of using systematic reviews in international development research[J]. Journal of Development Effectiveness, 2012,4(3):445-455.

[84]   MATSUOKA R H, KAPLAN R. People needs in the urban landscape:Analysis of landscape and urban planning contributions [J]. Landscape and Urban Planning,2008,84(1):7-19.

[85]   MILANOVIĆ Z,PANTELIĆ S,TRAJKOVIĆ N,et al. Age-related decrease in physical activity and functional fitness among elderly men and women[J]. Clinical Interventions in Aging, 2013 (8): 549-556.

[86]   MILLIGAN C,GATRELL A,BINGLEY A. "Cultivating health": Therapeutic landscapes and older people in Northern England[J]. Social Science & Medicine,2004,58(9):1781-1793.

[87]   MITCHELL L,BURTON E,RAMAN S. Dementia-friendly cities: Designing intelligible neighbourhoods for life[J]. Journal of Urban Design,2004,9(1):89-101.

[88]   MOHER D,LIBERATI A,TETZLAFF J,et al. Preferred reporting items for systematic reviews and meta-analyses:The PRISMA statement[J]. PLoS Medicine,2009,6(7):e1000097.

[89]   MOSELEY D,MARZANO M,CHETCUTI J,et al. Green networks for people:Application of a functional approach to support the planning and management of greenspace[J]. Landscape and Urban Planning,2013(116):1-12.

[90]   OTTONI C A, SIMS-GOULD J, WINTERS M, et al. "Benches

become like porches": Built and social environment influences on older adults' experiences of mobility and well-being[J]. Social Science & Medicine,2016(169):33-41.

[91] PARRA D C, GOMEZ L F, FLEISCHER N L, et al. Built environment characteristics and perceived active park use among older adults:Results from a multilevel study in Bogotá[J]. Health & Place,2010,16(6):1174-1181.

[92] PARRA D C, MCKENZIE T L, RIBEIRO I C, et al. Assessing physical activity in public parks in Brazil using systematic observation [J]. American Journal of Public Health,2010,100(8):1420-1426.

[93] PAYNE L L,MOWEN A J,ORSEGA-SMITH E. An examination of park preferences and behaviors among urban residents:The role of residential location,race and age[J]. Leisure Sciences,2002,24 (2):181-198.

[94] PAYNE L L, ZIMMERMANN J A M, MOWEN A J, et al. Community size as a factor in health partnerships in community parks and recreation,2007[J]. Preventing Chronic Disease,2013 (10):120238.

[95] PEREIRA G,CHRISTIAN H,FOSTER S,et al. The association between neighborhood greenness and weight status:an observational study in Perth Western Australia[J]. Environmental Health,2013 (12):49.

[96] PETTEBONE D, NEWMAN P, LAWSON S R, et al. Estimating visitors' travel mode choices along the Bear Lake Road in Rocky Mountain National Park[J]. Journal of Transport Geography,2011, 19(6):1210-1221.

[97] PHILLIPS J, WALFORD N, HOCKEY A. How do unfamiliar environments convey meaning to older people? Urban dimensions of

placelessness and attachment[J]. International Journal of Ageing and Later Life,2011,6(2):73-102.

[98] PHILLIPS J,WALFORD N,HOCKEY A,et al. Older people and outdoor environments:Pedestrian anxieties and barriers in the use of familiar and unfamiliar spaces[J]. Geoforum,2013,47:113-124.

[99] PLESON E,NIEUWENDYK L M,LEE K K,et al. Understanding older adults' usage of community green spaces in Taipei,Taiwan [J]. International Journal of Environmental Research and Public Health,2014,11(2):1444-1464.

[100] RADKE J,MU L. Spatial decompositions,modeling and mapping service regions to predict access to social programs[J]. Annals of GIS,2000,6(2):105-112.

[101] REYNOLDS L. A valued relationship with nature and its influence on the use of gardens by older adults living in residential care[J]. Journal of Housing for the Elderly,2016,30(3):295-311.

[102] RIBEIRO A I,MITCHELL R,CARVALHO M S,et al. Physical activity-friendly neighbourhood among older adults from a medium size urban setting in Southern Europe[J]. Preventive Medicine,2013,57(5):664-670.

[103] RIBEIRO A I, PIRES A, CARVALHO M S, et al. Distance to parks and non-residential destinations influences physical activity of older people,but crime doesn't:A cross-sectional study in a Southern European city[J]. BMC Public Health,2015(15):593.

[104] RIGOLON A. A complex landscape of inequity in access to urban parks:A literature review[J]. Landscape and Urban Planning,2016 (153):160-169.

[105] RIGOLON A. Parks and young people:An environmental justice study of park proximity,acreage,and quality in Denver,Colorado

[J]. Landscape and Urban Planning, 2017(165):73-83.

[106] RIGOLON A, BROWNING M, LEE K, et al. Access to urban green space in cities of the Global South: A systematic literature review [J]. Urban Science, 2018, 2(3):67.

[107] RODIEK S D, FRIED J T. Access to the outdoors: Using photographic comparison to assess preferences of assisted living residents[J]. Landscape and Urban Planning, 2005, 73(2-3):184-199.

[108] SAMAWI H M. Daily walking and life expectancy of elderly people in the iowa 65+rural health study[J]. Frontiers in Public Health, 2013(1):11.

[109] SAYAN S, KARAGÜZEL O. Problems of outdoor recreation: The effect of visitors' demographics on the perceptions of Termessos National Park, Turkey[J]. Environmental Management, 2010, 45 (6):1257-1270.

[110] SHRESTHA R K, STEIN T V, CLARK J. Valuing nature-based recreation in public natural areas of the Apalachicola River region, Florida[J]. Journal of Environmental Management, 2007, 85(4):977-985.

[111] STESSENS P, KHAN A Z, HUYSMANS M, et al. Analysing urban green space accessibility and quality: A GIS-based model as spatial decision support for urban ecosystem services in Brussels [J]. Ecosystem Services, 2017(28):328-340.

[112] SUGIYAMA T, LESLIE E, GILES-CORTI B, et al. Associations of neighbourhood greenness with physical and mental health: Do walking, social coherence and local social interaction explain the relationships? [J]. Journal of Epidemiology and Community Health, 2008, 62(5):e9.

[113] SUGIYAMA T, THOMPSON C W, WARD T C. Outdoor environments,activity and the well-being of older people:Conceptualizing environmental support[J]. Environment and Planning A,2007,39 (8):1943-1960.

[114] SUGIYAMA T,WARD T C. Associations between characteristics of neighbourhood open space and older people's walking[J]. Urban Forestry & Urban Greening,2008,7(1):41-51.

[115] TAKANO T. Urban residential environments and senior citizens' longevity in megacity areas: The importance of walkable green spaces[J]. Journal of Epidemiology and Community Health,2002, 56(12):913-918.

[116] TETLEY J,MOUNTAIN G. Activity and culture—the contribution to health and well-being in later life:A needs analysis[J]. International Journal on Disability and Human Development,2006,5(1):45-52.

[117] TINSLEY H E A,TINSLEY D J,CROSKEYS C E. Park Usage,social milieu,and psychosocial benefits of park use reported by older urban park users from four ethnic groups[J]. Leisure Sciences,2002,24 (2):199-218.

[118] VAN CAUWENBERG J,De BOURDEAUDHUIJ I,DE MEESTER F, et al. Relationship between the physical environment and physical activity in older adults:A systematic review[J]. Health & Place,2011,17(2):458-469.

[119] VAN DILLEN S M E,DE VRIES S,GROENEWEGEN P P,et al. Greenspace in urban neighbourhoods and residents' health:adding quality to quantity[J]. Journal of Epidemiology and Community Health,2012,66(6):e8.

[120] VECCHIATO D, TEMPESTA T. Valuing the benefits of an afforestation project in a peri-urban area with choice experiments

[J]. Forest Policy and Economics,2013(26):111-120.

[121] WALSHE K,RUNDALL T G. Evidence-based management:From theory to practice in health care[J]. The Milbank Quarterly,2001, 79(3):429-457.

[122] WARD T C,ASPINALL P A,THOMPSON C W,et al. Natural environments and their impact on activity,health,and quality of life [J]. Applied Psychology:Health and Well-Being,2011,3(3): 230-260.

[123] WEI F. Greener urbanization? Changing accessibility to parks in China[J]. Landscape and Urban Planning,2017(157):542-552.

[124] WEN C,ALBERT C,VON HAAREN C. The elderly in green spaces:Exploring requirements and preferences concerning nature-based recreation[J]. Sustainable Cities and Society,2018(38): 582-593.

[125] WEN C,ALBERT C,VON HAAREN C. Nature-based recreation for the elderly in urban areas:Assessing opportunities and demand as planning support[J]. Ecological Processes,2022,11(1):44.

[126] WEN C,ALBERT C,VON HAAREN C. Equality in access to urban green spaces:A case study in Hannover,Germany,with a focus on the elderly population[J]. Urban Forestry & Urban Greening,2020(55):126820.

[127] WOLCH J R,BYRNE J,NEWELL J P. Urban green space,public health,and environmental justice:The challenge of making cities "just green enough"[J]. Landscape and Urban Planning,2014 (125):234-244.

[128] WU H,LIU L,YU Y,et al. Evaluation and planning of urban green space distribution based on mobile phone data and two-step floating catchment area method[J]. Sustainability,2018,10(1):214.

[129] WÜSTEMANN H,KALISCH D,KOLBE J. Access to urban green space and environmental inequalities in Germany[J]. Landscape and Urban Planning,2017(164):124-131.

[130] XIAO Y,WANG Z,LI Z,et al. An assessment of urban park access in Shanghai:Implications for the social equity in urban China[J]. Landscape and Urban Planning,2017(157):383-393.

[131] XU M,XIN J,SU S,et al. Social inequalities of park accessibility in Shenzhen,China:The role of park quality, transport modes, and hierarchical socioeconomic characteristics[J]. Journal of Transport Geography,2017(62):38-50.

[132] YEN I H,FLOOD J J,THOMPSON H,et al. How design of places promotes or inhibits mobility of older adults realist synthesis of 20 years of research[J]. Journal of Aging and Health,2014,26(8):1340-1372.

[133] YILMAZ H,TURGUT H,DEMIRCAN N. Determination of the preference of urban people in picnic areas with different landscape characteristics[J]. Scientific Research and Essays,2011,6(7):1740-1752.

[134] ZHAI Y,BARAN P K. Do configurational attributes matter in context of urban parks? Park pathway configurational attributes and senior walking[J]. Landscape and Urban Planning,2016(148):188-202.

[135] ZHOU X,KIM J. Social disparities in tree canopy and park accessibility:A case study of six cities in Illinois using GIS and remote sensing[J]. Urban Forestry & Urban Greening,2013,12(1):88-97.

附　　录

A. 系统性文献综述的检索项

数据库	检索项
Web of Science	TS＝（"old ＊ people" or "old ＊ age" or "old ＊ adult ＊" or "old ＊ population" or "old ＊ group ＊" or "aging people" or "aging population" or "population aging" or "elder ＊ people" or "elder ＊ group ＊" or "elder ＊ age ＊" or "elder ＊ adult ＊" or pensioner ＊ or seniors or "senior citizen ＊"） AND TS＝（park ＊ or garden ＊ or "green space ＊" or greenland ＊ or environment ＊ or landscape ＊ or wildness ＊ or natur ＊ or outdoor ＊） AND TS＝（recreation ＊ or tour ＊ or leisur ＊ or entertain ＊ or enjoy ＊ or relax ＊ or pleasure or playable or "fun" or "games"）AND TS＝（scen ＊ or visual or sight ＊ or smell or sound ＊ or touch or feeling or perception or peiceiv ＊ or safe ＊ or belonging ＊ or creat ＊ or accessibilit ＊ or transport ＊ or facilit ＊ or maintenance or maintain ＊ or cleanness or cultur ＊ or histor ＊ or vegetation ＊ or animal ＊ or character ＊ or quali ＊ or attribute ＊ or feature ＊ or satisf ＊）NOT TS＝（drug ＊ or medicine or pharmacy or food ＊ or spine or brain or surgery or nerve or hydrogen or parkinson or clinic ＊ or toxin ＊ or robot or medical or disaster disorder）

数据库	检索项
Scopus	TITLE-ABS-KEY("old * people" OR "old * age" OR "old * adult" OR "old * population" OR "old * group" OR {aging people} OR "aging population" OR "elder * people" OR "elder * group" OR "elder * age" OR "elder * adult" OR "pensioner" OR {seniors} OR "senior citizen") AND title-abs-key=(park OR garden OR {green space} OR greenland OR environment OR landscape OR wildness OR natur * OR outdoor *) AND title-abs-key=(recreation * OR tour * OR leisur * OR entertain * OR enjoy * OR relax * OR pleasure OR playable OR {fun} OR {games} OR excursion) AND title-abs-key=(scen * OR visual OR sight * OR aesthetic OR smell OR sound * OR touch OR feeling OR perception OR peiceiv * OR safe * OR belonging * OR creat * OR access * OR transport * OR facilit * OR maintenance OR maintain * OR clean * OR cultur * OR histor * OR vegetation * OR animal * OR character * OR quali * OR attribute * OR feature * OR satisf *) AND NOT title-abs-key=(drug * OR medicine OR pharmacy OR food * OR spine OR brain OR surgery OR nerve OR hydrogen OR parkinson OR clinic * OR toxin * OR robot OR medical OR disaster OR disorder)

B. 系统性文献综述中纳入深度分析流程的文章

序号	论文
1	ALVES S, ASPINALL P A, THOMPSON C W, et al. Preferences of older people for environmental attributes of local parks[J]. Facilities, 2008(26): 433-453. doi: 10. 1108/02632770810895705.
2	ASPINALL P A, THOMPSON C W, ALVES S, et al. Preference and relative importance for environmental attributes of neighbourhood open space in older people[J]. Environment and Planning B: Planning and Design, 2010, 37(6): 1022-1039. doi: 10. 1068/b36024.
3	BARBOSA O, TRATALOS J A, ARMSWORTH P R, et al. Who benefits from access to green space? A case study from Sheffield, UK[J]. Landscape and Urban Planning, 2007(83): 187-195. doi: 10. 1016/j. landurbplan. 2007. 04. 004.
4	CAIN K L, MILLSTEIN R A, SALLIS J F, et al. Contribution of streetscape audits to explanation of physical activity in four age groups based on the Microscale Audit of Pedestrian Streetscapes (MAPS)[J]. Social Science & Medicine, 2014(116): 82-92. doi: 10. 1016/j. socscimed. 2014. 06. 042.
5	CERIN E, LEE K, BARNETT A, et al. Objectively-measured neighborhood environments and leisure-time physical activity in Chinese urban elders[J]. Preventive Medicine, 2013(56): 86-89. doi: 10. 1016/j. ypmed. 2012. 10. 024.
6	CERIN E, SIT C H P, BARNETT A, et al. Walking for recreation and perceptions of the neighborhood environment in older Chinese urban dwellers[J]. Journal of Urban Heal, 2013(90): 56-66. doi: 10. 1007/s11524-012-9704-8.
7	CERIN E, MACFARLANE D, SIT, C H P, et al. Effects of built environment on walking among Hong Kong older adults[J]. Hong Kong Medical Journal, 2013 (19): 39-41.

序号	论文
8	CHAO T W，CHAI C W，JUAN Y K. Landscape design for outdoor leisure spaces at nursing homes：A case study of Taiwan Suang-Lien elderly centre[J]. Journal of Food Agriculture & Environment，2014(12)：1036-1044.
9	ERONEN J，VON BONSDORFF M，RANTAKOKKO M，et al. Environmental facilitators for outdoor walking and development of walking difficulty in community-dwelling older adults[J]. European Journal of Ageing，2013(11)：1-9. doi：10. 1007/s10433-013-0283-7.
10	GONG Y，GALLACHER J，PALMER S，et al. Neighbourhood green space，physical function and participation in physical activities among elderly men：the Caerphilly Prospective study. Int. J. Behav. Nutr. Phys. Act. 2014(11)：40. doi：10. 1186/1479-5868-11-40.
11	HUNG K，Crompton J L. Benefits and constraints associated with the use of an urban park reported by a sample of elderly in Hong Kong[J]. Leis. Stud. ，2006(25)：291-311. doi：10. 1080/02614360500409810.
12	JORGENSEN A，ANTHOPOULOU A. Enjoyment and fear in urban woodlands：Does age make a difference? [J]. Urban For. Urban Green，2007(6)：267-278. doi：10. 1016/j. ufug. 2007. 05. 004.
13	JOSEPH A，ZIMRING C. Where active older adults walk：Understanding the factors related to path choice for walking among active retirement community residents[J]. Environ. Behav. ，2007(39)：75-105. doi：10. 1177/0013916506295572.
14	KACZYNSKI A T，BESENYI G M，STANIS S A W，et al. Are park proximity and park features related to park use and park-based physical activity among adults? Variations by multiple socio-demographic characteristics [J]. Int. J. Behav. Nutr. Phys. Act. ，2014(11)：146. doi：10. 1186/s12966-014-0146-4.

序号	论文
15	KACZYNSKI A. T, JOHNSON A J, SAELENS B E. Neighborhood land use diversity and physical activity in adjacent parks[J]. Heal. Place, 2010(16):413-415. doi:10. 1016/j. healthplace. 2009. 11. 004.
16	KACZYNSKI A T, POTWARKA L R, SAELENS P B E. Association of park size, distance, and features with physical activity in neighborhood parks[J]. Am. J. Public Health, 2008(98):1451-1456. doi:10. 2105/AJPH. 2007. 129064.
17	KACZYNSKI A T, STANIS S A W, HASTMANN T J, et al. Variations in observed park physical activity intensity level by gender, race, and age: Individual and joint effects[J]. J. Phys. Act. Heal. , 2011(8):S151-S160. doi:10. 1123/jpah. 8. s2. s151.
18	KEMPERMAN A, TIMMERMANS H. Heterogeneity in urban park use of aging visitors: A latent class analysis [J]. Leis. Sci. , 2006 (28):57-71. doi:10. 1080/01490400500332710.
19	MITCHELL L, BURTON E, RAMAN S. Dementia-friendly cities: Designing intelligible neighbourhoods for life[J]. J. Urban Des. , 2004(9):89-101. doi:10. 1080/1357480042000187721.
20	PARRA D C, GOMEZ L F, FLEISCHER N L, et al. Built environment characteristics and perceived active park use among older adults: Results from a multilevel study in Bogotá[J]. Heal. Place, 2010(16):1174-1181. doi:10. 1016/j. healthplace. 2010. 07. 008.
21	PETTEBONE D, NEWMAN P, LAWSON S R, et al. Estimating visitors' travel mode choices along the Bear Lake Road in Rocky Mountain National Park[J]. J. Transp. Geogr. , 2011(19):1210-1221. doi:10. 1016/j. jtrangeo. 2011. 05. 002.
22	PHILLIPS J, WALFORD N, HOCKEY A, et al. Older people and outdoor environments: Pedestrian anxieties and barriers in the use of familiar and unfamiliar spaces[J]. Geoforum, 2013(47):113-124. doi:10. 1016/j. geoforum. 2013. 04. 002.

序号	论文
23	RIBEIRO A I，PIRES A，CARVALHO M S，et al. Distance to parks and non-residential destinations influences physical activity of older people，but crime doesn't：A cross-sectional study in a southern European city［J］. BMC Public Health，2015(15)：593. doi：10. 1186/s12889-015-1879-y.
24	RODIEK S D，FRIED J T. Access to the outdoors：Using photographic comparison to assess preferences of assisted living residents［J］. Landsc. Urban Plan. ，2005(73)：184-199. doi：10. 1016/j. landurbplan. 2004. 11. 006.
25	SUGIYAMA T，WARD T C. Associations between characteristics of neighbourhood open space and older people's walking［J］. Urban For. Urban Green. ，2008(7)：41-51. doi：10. 1016/j. ufug. 2007. 12. 002.
26	TINSLEY H E A，TINSLEY D J，CROSKEYS C E. Park usage，social milieu，and psychosocial benefits of park use reported by older urban park users from four ethnic groups［J］. Leis. Sci. ，2002(24)：199-218. doi：10. 1080/01490400252900158.
27	VAN CAUWENBERG J，CERIN E，TIMPERIO A，et al. Park proximity，quality and recreational physical activity among mid-older aged adults：Moderating effects of individual factors and area of residence［J］. Int. J. Behav. Nutr. Phys. Act. ，2015(12)：46. doi：10. 1186/s12966-015-0205-5.
28	VECCHIATO D，TEMPESTA T. Valuing the benefits of an afforestation project in a peri-urban area with choice experiments［J］. For. Policy Econ. ，2013(26)：111-120. doi：10. 1016/j. forpol. 2012. 10. 001.
29	YILMAZ H，TURGUT H，DEMIRCAN N. Determination of the preference of urban people in picnic areas with different landscape characteristics［J］. Sci. Res. Essays，2011(6)：1740-1752. doi：10. 5897/SRE10. 288.
30	MILLIGAN C，GATRELL A，BINGLEY A. "Cultivating health"：Therapeutic landscapes and older people in Northern England［J］. Soc. Sci. Med. ，2004(58)：1781-1793. doi：10. 1016/S0277-9536(03)00397-6.

序号	论文
31	COHEN D A, SEHGAL A, WILLIAMSON S, et al. New recreational facilities for the young and the old in Los Angeles: Policy and programming implications [J]. J. Public Health Policy, 2009(30): S248-S263. doi: 10. 1057/jphp. 2008. 45.
32	PAYNE L L, MOWEN A J, ORSEGA-SMITH E. An examination of park preferences and behaviors among urban residents: The role of residential location, race and age[J]. Leis. Sci. , 2002(24): 181-198. doi: 10. 1080/01490400252900149.
33	GOTO S, FRITSCH T. A pilot study of seniors' aesthetic preferences for garden designs[J]. Nippon Teien Gakkaishi, 2011(76): 24-34. doi: 10. 5982/jgarden. 2011. 24_1.
34	CHOW H. Outdoor fitness equipment in parks: A qualitative study from older adults' perceptions[J]. BMC Public Health, 2013(13): 1216. doi: 10. 1186/1471-2458-13-1216.
35	SCHIPPERIJN J, EKHOLM O, STIGSDOTTER U K, et al. Factors influencing the use of green space: Results from a Danish national representative survey[J]. Landsc. Urban Plan. , 2010(95): 130-137. doi: 10. 1016/j. landurbplan. 2009. 12. 010.
36	TAKANO T. Urban residential environments and senior citizens' longevity in megacity areas: the importance of walkable green spaces [J]. J. Epidemiol. Community Heal. , 2002(56): 913-918. doi: 10. 1136/jech. 56. 12. 913.
37	KEMPERMAN A, TIMMERMANS H. Green spaces in the direct living environment and social contacts of the aging population[J]. Landsc. Urban Plan. , 2014(129): 44-54. doi: 10. 1016/j. landurbplan. 2014. 05. 003.

序号	论文
38	ZHAI Y,BARAN P K. Do configurational attributes matter in context of urban parks? Park pathway configurational attributes and senior walking[J]. Landsc. Urban Plan. ,2016(148):188-202. doi:10. 1016/j. landurbplan. 2015. 12. 010.
39	ARTMANN M,CHEN X,IOJĂ C,et al. The role of urban green spaces in care facilities for elderly people across European cities[J]. Urban For. Urban Green. ,2017(27):203-213. doi:10. 1016/j. ufug. 2017. 08. 007.
40	OTTONI C A, SIMS-GOULD J, WINTERS M,et al. Benches become like porches:Built and social environment influences on older adults' experiences of mobility and well-being[J]. Soc. Sci. Med. , 2016 (169):33-41. doi: 10. 1016/j. socscimed. 2016. 08. 044.
41	REYNOLDS L. A valued relationship with nature and its influence on the use of gardens by older adults living in residential care[J]. J. Hous. Elderly,2016(30):295-311. doi:10. 1080/02763893. 2016. 1198740.
42	LAATIKAINEN T E,BROBERG A,KYTTA M. The physical environment of positive places:Exploring differences between age groups [J]. Prev. Med. (Baltim),2017(95):S85-S91. doi:10. 1016/j. ypmed. 2016. 11. 015.
43	LEAVER R,WISEMAN T. Garden visiting as a meaningful occupation for people in later life [J]. Br. J. Occup. Ther. , 2016 (79):768-775. doi:10. 1177/0308022616666844.
44	ESTHER H K Y,WINKY K O H,EDWIN H W C. Elderly satisfaction with planning and design of public parks in high density old districts:An ordered logit model[J]. Landsc. Urban Plan. ,2017(165):39-53. doi:10. 1016/j. landurbplan. 2017. 05. 006.

C. 本书使用的景观美学质量(LAQ)模型基础打分表

生境代码	生境类型	对应的 MANUELA 分类	对应的 MANUELA 景观美学分值	标准化后的景观美学分值
A	Acker	Acker	3	2
AS	Sandacker	Acker	3	2
AT	Basenreicher Lehm-/Tonacker	Acker	3	2
B	Gebüsche und Gehölzbestände	Gebüsch; Baumgruppe	6; 7	4
BA	Schmalblättriges Weidengebüsch der Auen und Ufer	Gebüsch; Verlandungsbereich von Stillgewässer	6; 8	4
BE	Einzelstrauch	Einzelstrauch	6	4
BF	Sonstiges Feuchtgebüsch	Gebüsch	6	4
BM	Mesophiles Gebüsch	Gebüsch	6	4
BN	Moor-und Sumpfgebüsch	Gebüsch; Moor	6; 8	4
BR	Ruderalgebüsch/Sonstiges Gebüsch	Gebüsch	6	4
BT	Gebüsch trockenwarmer Standorte	Gebüsch	6	4
DO	Sonstiger Offenbodenbereich	Felsen, Steinbruch	9	5
EB	Sonstige Gehölzkultur	Sonst. Gehölz	6	4
EG	Krautige Gartenbaukultur	Gartenbaubiotop	3	2

生境代码	生境类型	对应的 MANUELA 分类	对应的 MANUELA 景观美学分值	标准化后的景观美学分值
EL	Landwirtschaftliche Lagerfläche	Landwirtschaftliche Lagerfläche	2	1
FB	Naturnaher Bach	Bach	6	4
FF	Naturnaher Fluss	Fluss	6	4
FG	Graben	Graben	5	3
FK	Kanal	Kanal	5	3
FM	Mäßig ausgebauter Bach	Bach	6	4
FQ	Naturnaher Quellbereich	Quellen und Wasserfälle	9	5
FX	Stark ausgebauter Bach	Bach	6	4
FZ	Stark ausgebauter Fluss	Fluss	6	4
G	Grünland	Grünland	4	2
GA	Grünland-Einsaat	Grünland	4	2
GE	Artenarmes Extensivgrünland	Grünland	4	2
GF	Sonstiges artenreiches Feucht-und Nassgrünland	Grünland; Verlandungsbereich von Stillgewässern	4; 8	4
GI	Artenarmes Intensivgrünland	Grünland	4	2
GM	Mesophiles Grünland	Grünland	4	2
GN	Seggen-,binsen-oder hochstaudenreiche Nasswiese	Seggenried; Hochstauden	8; 6	4
GR	Scher-und Trittrasen	Magerrasen	7	4

生境代码	生境类型	对应的MANUELA分类	对应的MANUELA景观美学分值	标准化后的景观美学分值
GV	Intensivgrünland	Grünland	4	2
GW	Sonstige Weidefläche	Grünland	4	2
H	Heiden und Magerrasen	Heide；Magerrasen	7；7	4
HB	Einzelbaum/Baumbestand	Einzelbaum	7	4
HE	Einzelbaum/Baumbestand des Siedlungsbereichs	Einzelbaum	7	4
HF	Sonstige Feldhecke	Hecke	6	4
HN	Naturnahes Feldgehölz	Feldgehölz	6	4
HO	Streuobstbestand	Obstwiese	8	5
HP	Sonstiger Gehölzbestand/Gehölzpflanzung	Feldgehölz	6	4
HS	Gehölz des Siedlungsbereichs	Feldgehölz	6	4
HW	Wallhecke	Hecke	6	4
HX	Standortfremdes Feldgehölz	Feldgehölz	6	4
M	Hoch-und Übergangsmoore	Moor	8	5
MD	Sonstiges Moordegenerationsstadium	Moor	8	5
MG	Moorheidestadium von Hochmooren	Moor	8	5
MP	Pfeifengras-Moorstadium	Moor	8	5
MW	Wollgrasstadium von Hoch-und Übergangsmooren	Moor	8	5

生境代码	生境类型	对应的 MANUELA 分类	对应的 MANUELA 景观美学分值	标准化后的景观美学分值
N	Gehölzfreie Biotope der Sümpfe und Niedermoore	Moor	8	5
NP	Sonstiger Nassstandort mit krautiger Pioniervegetation	Moor；Verlandungsbereich von Stillgewässern	8；8	5
NR	Landröhricht	Röhricht	8	5
NS	Sauergras-,Binsen-und Staudenried	Hochstauden；Magerrasen	6；7	4
O	bebauter Bereich	Landwirtschaftliche Wirtschafts-und Wohngebäude	2	1
OA	Gebäudekomplex von Verkehrsanlagen	sonst. Gebäude	1	1
OB	Block-und Blockrandbebauung	Landwirtschaftliche Wirtschafts-und Wohngebäude	2	1
OD	Dorfgebiet/landwirtschaftliches Gebäude	Landwirtschaftliche Wirtschafts-und Wohngebäude	2	1
OE	Einzel-und Reihenhausbebauung	sonst. Gebäude	1	1
OF	Sonstige befestigte Fläche	sonst. Gebäude	1	1
OG	Industrie-und Gewerbekomplex	sonst. Gebäude	1	1
OH	Hochhaus und Großformbebauung	sonst. Gebäude	1	1

生境代码	生境类型	对应的 MANUELA 分类	对应的 MANUELA 景观美学分值	标准化后的景观美学分值
OI	Innenstadtbereich	sonst. Gebäude	1	1
OK	Gebäudekomplex der Energieversorgung	sonst. Gebäude	1	1
ON	Historischer/Sonstiger Gebäudekomplex	sonst. Gebäude	1	1
OS	Entsorgungsanlage	Solaranlage； Windkraftanlage	2； 2	1
OV	Verkehrsfläche	Straße	2	1
OX	Baustelle	sonst. Gebäude	1	1
OZ	Zeilenbebauung	sonst. Gebäude	1	1
P	Grünanlage	Grünanlage	5	3
PA	Parkanlage	Grünanlage	5	3
PF	Friedhof	Gartenbaubiotop	3	2
PH	Hausgarten	Gartenbaubiotop	3	2
PK	Kleingartenanlage	Gartenbaubiotop	3	2
PS	Sport-/Spiel-/Erholungsanlage	Grünanlage	5	3
PT	Zoo/Tierpark/Tiergehege	Gartenbaubiotop	3	2
PZ	Sonstige Grünanlage	Grünanlage	5	3
R	Magerrasen	Magerrasen	7	4
RA	Artenarmes Heide-oder Magerrasenstadium	Magerrasen； Heide	7； 7	4
RG	Anthropogene Kalk-/Gipsgesteinsschuttflur	Felsen，Steinbruch	9	5

生境代码	生境类型	对应的 MANUELA 分类	对应的 MANUELA 景观美学 分值	标准化后的景观美学分值
RH	Kalkmagerrasen	Magerrasen； Steinhaufen	7； 7	4
RN	Borstgras-Magerrasen	Magerrasen	7	4
RS	Sandtrockenrasen	Magerrasen	7	4
S	Stillgewässer	Kleines Stillgewässer； Verlandungsbereich von Stillgewässern	7； 8	5
SE	Naturnahes nährstoffreiches Stillgewässer	Kleines Stillgewässer； Verlandungsbereich von Stillgewässern	7； 8	5
SO	Naturnahes nährstoffarmes Stillgewässer	Kleines Stillgewässer； Verlandungsbereich von Stillgewässern	7； 8	5
ST	Temporäres Stillgewässer	Kleines Stillgewässer； Verlandungsbereich von Stillgewässern	7； 8	5
SX	Naturfernes Stillgewässer	Kleines Stillgewässer； Verlandungsbereich von Stillgewässern	7； 8	5

生境代码	生境类型	对应的MANUELA分类	对应的MANUELA景观美学分值	标准化后的景观美学分值
U	Ruderalflur	Magerrasen	7	4
UH	Halbruderale Gras-und Staudenflur	Magerrasen；Hochstauden	6；7	4
UN	Artenarme Neophytenflur	Magerrasen	7	4
UW	Waldlichtungsflur	Waldlichtung	7	4
V	Verlandungsbereich	Verlandungsbereich von Stillgewässern	8	5
VE	Verlandungsbereich nährstoffreicher Stillgewässer	Verlandungsbereich von Stillgewässern	8	5
VO	Verlandungsbereich nährstoffarmer Stillgewässer	Verlandungsbereich von Stillgewässern	8	5
W	Wald	Wald	3～8	3
WA	Erlen-Bruchwald	Wald	3～8	3
WB	Birken-und Kiefern-Bruchwald	Wald	3～8	3
WC	Eichen-und Hainbuchenmischwald nährstoffreicher Standorte	Wald	3～8	3
WE	Erlen-und Eschenwald der Auen und Quellbereiche	Wald；Quellen und Wasserfälle	3～8	5
WG	Sonstiger Edellaubmischwald basenreicher Standorte	Wald	3～8	3

生境代码	生境类型	对应的 MANUELA 分类	对应的 MANUELA 景观美学分值	标准化后的景观美学分值
WH	Hartholzauwald	Wald	3～8	3
WJ	Wald-Jungbestand	Wald	3～8	3
WK	Kiefernwald armer Sandböden	Wald	3～8	3
WL	Bodensaurer Buchenwald	Wald	3～8	3
WM	Mesophiler Buchenwald	Wald	3～8	3
WN	Sonstiger Sumpfwald	Moor	8	5
WP	Sonstiger Pionier-und Sukzessionswald	Wald	3～8	3
WQ	Bodensaurer Eichenmischwald	Wald	3～8	3
WR	Strukturreicher Waldrand	Waldrand	8	5
WU	Erlenwald entwässerter Standorte	Verlandungsbereich von Stillgewässern	8	5
WV	Birken-und Kiefernwald entwässerter Moore	Moor	8	5
WW	Weiden-Auwald(Weichholzaue)	Wald	3～8	3
WX	Sonstiger Laubforst	Wald	3～8	3
WZ	Sonstiger Nadelforst	Wald	3～8	3

注：原始的生境数据集由德国下萨克森州水利海岸和自然保护局（Niedersächsischer Landesbetrieb für Wasserwirtschaft,Küsten und Naturschutz,NLWKN）提供,详见 https://www.nlwkn.niedersachsen.de/naturschutz/biotopschutz/biotopkartierung/44696.html。

MANUELA 是德国的一项景观可持续发展研究,专门为实现可持续和自然导向的农业和景观管理而进行。该研究在本书的研究案例所在地进行过详细的景观特征美学价值量化研究,可作为本书建模参考。

D. 本书用于指代蓝绿基础设施的生境代码和生境类型

生境代码	生境类型	中文名称
B	Gebüsche und Gehölzbestände	灌木和木本植物
BA	Schmalblättriges Weidengebüsch der Auen und Ufer	河滩和岸边的狭叶柳树丛
BE	Einzelstrauch	单株灌木
BF	Sonstiges Feuchtgebüsch	其他湿地灌木丛
BM	Mesophiles Gebüsch	中生灌木丛
BN	Moor-und Sumpfgebüsch	沼泽和湿地灌木丛
BR	Ruderalgebüsch/Sonstiges Gebüsch	荒地灌木丛/其他灌木丛
BT	Gebüsch trockenwarmer Standorte	干热地区的灌木丛
DO	Sonstiger Offenbodenbereich	其他开放地面区域
EB	Sonstige Gehölzkultur	其他木本植物
EG	Krautige Gartenbaukultur	草本园艺
EL	Landwirtschaftliche Lagerfläche	农业仓储区
FB	Naturnaher Bach	天然溪流
FF	Naturnaher Fluss	天然河流
FG	Graben	沟渠
FK	Kanal	运河
FM	Mäßig ausgebauter Bach	中度开发的溪流
FQ	Naturnaher Quellbereich	天然泉水区
FX	Stark ausgebauter Bach	高度开发的溪流
FZ	Stark ausgebauter Fluss	高度开发的河流
G	Grünland	草地

生境代码	生境类型	中文名称
GA	Grünland-Einsaat	草地播种
GE	Artenarmes Extensivgrünland	物种稀少的广阔草原
GF	Sonstiges artenreiches Feucht-und Nassgrünland	其他物种丰富的湿地和草原
GI	Artenarmes Intensivgrünland	物种稀少的集约化草地
GM	Mesophiles Grünland	中生草地
GN	Seggen-、binsen-oder hochstaudenreiche Nasswiese	莎草、灯芯草或高秆草丰富的湿地草甸
GR	Scher-und Trittrasen	修剪和踏踩草皮
GV	Intensivgrünland	集约化草地
GW	Sonstige Weidefläche	其他牧场
H	Heiden und Magerrasen	荒野和瘠薄草原
HB	Einzelbaum/Baumbestand	单棵树木/树丛
HE	Einzelbaum/Baumbestand des Siedlungsbereichs	居住区的单棵树木/树丛
HF	Sonstige Feldhecke	其他田间树篱
HN	Naturnahes Feldgehölz	天然的田间树丛
HO	Streuobstbestand	果园
HP	Sonstiger Gehölzbestand/Gehölzpflanzung	其他树木群落/树木种植
HS	Gehölz des Siedlungsbereichs	居住区的树木
HW	Wallhecke	堤岸树篱
HX	Standortfremdes Feldgehölz	非本地田间树丛
M	Hoch-und Übergangsmoore	高地沼泽和过渡性沼泽
MD	Sonstiges Moordegenerationsstadium	其他沼泽退化阶段
MG	Moorheidestadium von Hochmooren	高地沼泽的荒野阶段

生境代码	生境类型	中文名称
MP	Pfeifengras-Moorstadium	管状草沼泽阶段
MW	Wollgrasstadium von Hoch-und Übergangsmooren	高地沼泽和过渡性沼泽的毛莨阶段
N	Gehölzfreie Biotope der Sümpfe und Niedermoore	沼泽和低地沼泽的无树木生境
NP	Sonstiger Nassstandort mit krautiger Pioniervegetation	有草本先锋植物的其他湿润场地
NR	Landröhricht	湿地芦苇丛
NS	Sauergras-,Binsen-und Staudenried	酸性草、灯芯草和多年生草本草甸
P	Grünanlage	绿地
PA	Parkanlage	公园
PF	Friedhof	墓地
PH	Hausgarten	家庭花园
PS	Sport-/Spiel-/Erholungsanlage	体育/游戏/休闲设施
PT	Zoo/Tierpark/Tiergehege	动物园/野生动物园/动物栏
PZ	Sonstige Grünanlage	其他绿地
R	Magerrasen	瘠薄草原
RA	Artenarmes Heide-oder Magerrasenstadium	物种较少的荒野或瘠薄草原阶段
RG	Anthropogene Kalk-/ Gipsgesteinsschuttflur	人为影响的石灰岩/石膏岩碎片地
RH	Kalkmagerrasen	石灰质草原
RN	Borstgras-Magerrasen	硬草瘠薄草原
RS	Sandtrockenrasen	沙质干旱草地
S	Stillgewässer	静水

生境代码	生境类型	中文名称
SE	Naturnahes nährstoffreiches Stillgewässer	天然的富营养静水
SO	Naturnahes nährstoffarmes Stillgewässer	天然的贫营养静水
ST	Temporäres Stillgewässer	临时静水
SX	Naturfernes Stillgewässer	远离自然环境的静水
U	Ruderalflur	荒地植被
UH	Halbruderale Gras-und Staudenflur	半荒地草本和多年生植物植被
UN	Artenarme Neophytenflur	物种较少的外来植物植被
UW	Waldlichtungsflur	林中空地植被
V	Verlandungsbereich	湖泊淤积区
VE	Verlandungsbereich nährstoffreicher Stillgewässer	富营养静水的淤积区
VO	Verlandungsbereich nährstoffarmer Stillgewässer	贫营养静水的淤积区
W	Wald	森林
WA	Erlen-Bruchwald	沼泽地桤木林
WB	Birken-und Kiefern-Bruchwald	沼泽地桦树和松树林
WC	Eichen-und Hainbuchenmischwald nährstoffreicher Standorte	富营养地的橡树和角树混交林
WE	Erlen-und Eschenwald der Auen und Quellbereiche	河滩和泉源区的桤木和白蜡树林
WG	Sonstiger Edellaubmischwald basenreicher Standorte	其他富碱地的阔叶混交林
WH	Hartholzauwald	河滩硬木林
WJ	Wald-Jungbestand	幼龄林
WK	Kiefernwald armer Sandböden	贫瘠沙地上的松树林

生境代码	生境类型	中文名称
WL	Bodensaurer Buchenwald	土壤酸性的山毛榉林
WM	Mesophiler Buchenwald	中生山毛榉林
WN	Sonstiger Sumpfwald	其他沼泽林
WP	Sonstiger Pionier-und Sukzessionswald	其他先锋林和演替林
WQ	Bodensaurer Eichenmischwald	土壤酸性的橡树混交林
WR	Strukturreicher Waldrand	结构丰富的森林边缘
WU	Erlenwald entwässerter Standorte	排水地的桤木林
WV	Birken-und Kiefernwald entwässerter Moore	排水沼泽的桦树和松树林
WW	Weiden-Auwald(Weichholzaue)	河滩柳树林(软木河滩)
WX	Sonstiger Laubforst	其他阔叶林
WZ	Sonstiger Nadelforst	其他针叶林

注：原始的生境数据集由 NLWKN 提供，详见 https://www.nlwkn.niedersachsen.de/naturschutz/biotopschutz/biotopkartierung/44696.html。